五年制高等职业教育公共基础课程学习用书

HUAXUE
XUEXI
ZHIDAO
YONGSHU

化学学习指导用书
医药卫生类

化学编写组 编

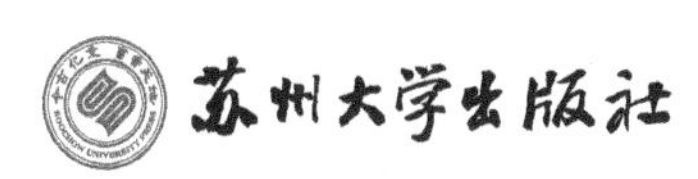

图书在版编目(CIP)数据

化学学习指导用书 ：医药卫生类 / 化学编写组编 ；张振，丁文文主编. -- 苏州 ：苏州大学出版社，2024. 8. -- ISBN 978-7-5672-4889-2

Ⅰ. O6

中国国家版本馆 CIP 数据核字第 202462RN73 号

书　　名：化学学习指导用书(医药卫生类)

编　　者：化学编写组
主　　编：张　振　丁文文
责任编辑：马德芳
助理编辑：王明晖
装帧设计：吴　钰

出版发行：苏州大学出版社(Soochow University Press)
社　　址：苏州市十梓街 1 号　**邮编**：215006
印　　装：广东虎彩云印刷有限公司
网　　址：www. sudapress. com
邮　　箱：sdcbs@ suda. edu. cn
邮购热线：0512-67480030
销售热线：0512-67481020

开　　本：890 mm×1 240 mm　1/16　**印张**：12. 25　**字数**：254 千
版　　次：2024 年 8 月第 1 版
印　　次：2024 年 8 月第 1 次印刷
书　　号：ISBN 978-7-5672-4889-2
定　　价：38. 00 元

2023 年 8 月，江苏省教育厅颁布了《五年制高等职业教育化学课程标准（2023 年）》，江苏联合职业技术学院据此课程标准，组织编写了五年制高等职业教育公共基础课程化学系列教材。本书是与化学系列教材中《化学（医药卫生类）》配套的学习指导用书，可供五年制高等职业学校护理、助产、康复等医药卫生类专业使用。

五年制高等职业教育中的化学课程，既是医药卫生类专业学生必修的公共基础课程，也是学生进一步学习专业课程的基础。在以往教学实践中，学生普遍感到化学课程内容多、时间紧、难度大。为落实立德树人根本任务，发展学生的化学学科核心素养，帮助学生储备必要的专业课程基础知识，体现针对性和适用性，我们编写了本书。本书完全按照《化学（医药卫生类）》教材章节顺序编写，每章设置了“知识领航”栏目，以思维导图的形式对本章知识框架进行较为系统的归纳和总结。每节设置了“学习目标”栏目，将教材列出的预期目标以知识点的形式分解到各节，便于学生理解和自查；设置了“重点难点”栏目，对每节的内容，特别是重点、难点，进行归纳和总结，帮助学生提高对知识体系的记忆和理解；再进一步通过“例题引领”栏目，对典型问题进行分析，提高学生的知识应用和思维能力、解题技巧；设置了“达标训练”栏目和“阶段测验”，检查学生掌握知识的情况，训练学生对知识的应用，强化学生的解题技能，助力学生化学学科核心素养的养成。

本书由张振、丁文文担任主编，编者及分工如下：丁亚明（第一、二章），张振（第三、六章，无机化学阶段测验一），包莉（第四、八、十章，无机化学阶段测验二），杜良行（第五、十一章），何雪雁（第九章，综合测试卷一、二），丁文文（第七章，有机化学阶段测验一、二）。全书由张振、丁文文统稿，许颂安审定。本书在编写过程中得到了化学编写组全体成员及各编者所在单位的大力支持，在此一并表示衷心感谢！我们的目标是奉献给读者一本既与教材配套又能独立使用、对化学教学有指导意义的学习指导用书。但因时间仓促和编者水平有限，不足之处在所难免，恳请读者提出批评意见。

编　者

2024 年 6 月

目录

第一章

物质结构

知识领航

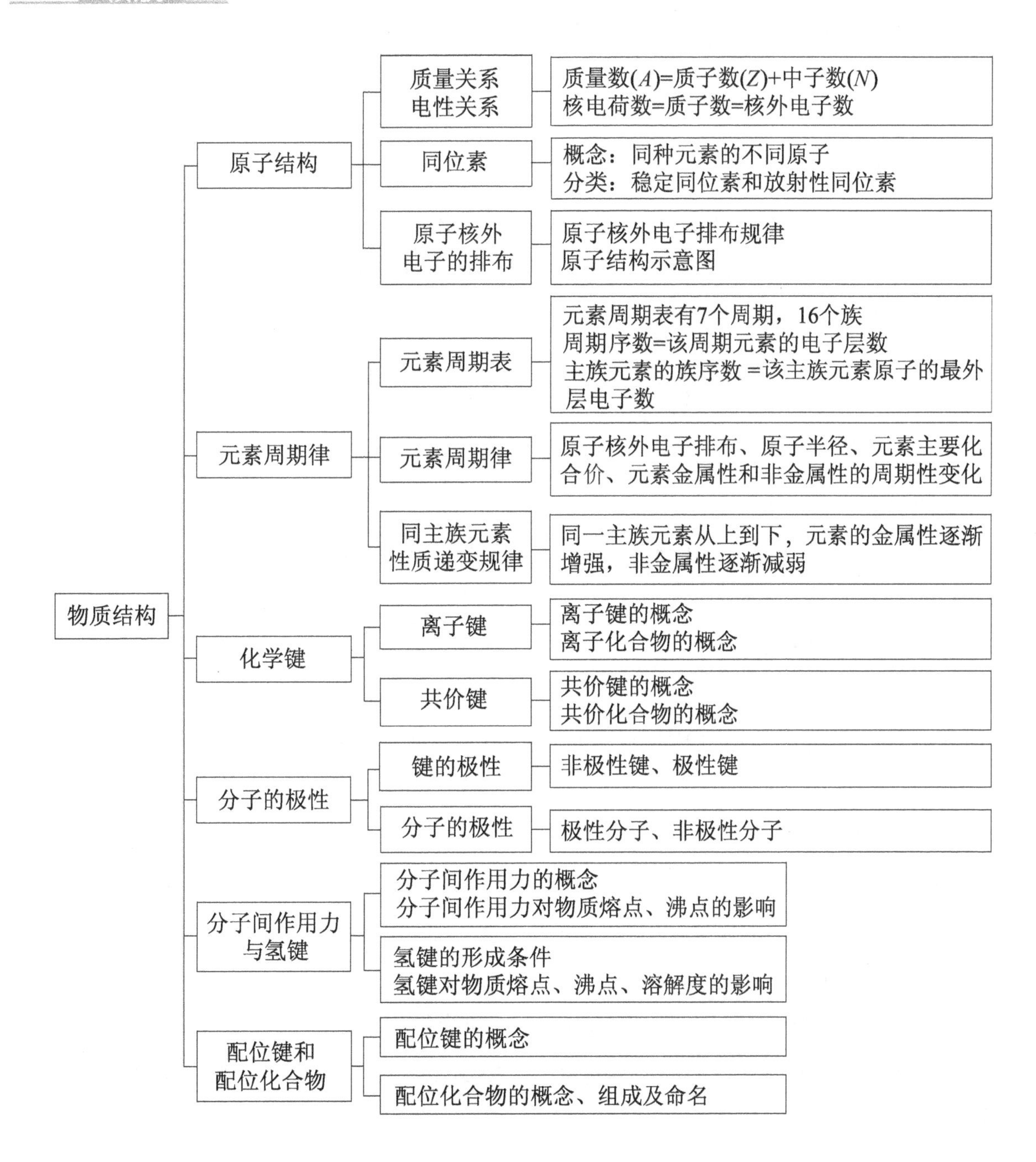

第一节　原子结构

学习目标

1. 认识原子的组成和结构,知道同位素的概念及应用。

2. 掌握 1~20 号元素的原子结构示意图。

3. 学会从原子水平认识微观粒子和宏观物体运动状态的差异,探析原子结构与元素性质的关系,初步形成结构决定性质的观念。

重点难点

一、原子结构

质量数 A、质子数 Z、中子数 N 三者存在以下关系:

$$质量数(A)=质子数(Z)+中子数(N)$$

构成原子的微粒间存在以下关系:

$$原子(^{A}_{Z}X)\begin{cases}原子核\begin{cases}质子\ Z\ 个\\中子(A-Z)个\end{cases}\\核外电子\ Z\ 个\end{cases}$$

二、同位素

质子数相同而中子数不同的同种元素的不同原子互称同位素。同位素可分为稳定同位素和放射性同位素。

三、原子核外电子的排布

1. 电子云

电子在原子核外一定空间内运动,犹如带负电荷的云雾笼罩在原子核的周围,人们形象地把它称为电子云。

2. 原子核外电子排布规律

在同一个原子里,原子核外电子排布的规律可归纳如下:

(1) 各电子层最多容纳的电子数目为 $2n^2$ 个。即第 1 层最多为 2 个,第 2 层最多为 8 个,第 3 层最多为 18 个……

(2) 最外层容纳的电子数目不超过 8 个(K 层为最外层时不超过 2 个)。

(3) 次外层容纳的电子数目不超过 18 个,倒数第 3 层容纳的电子数目不超过 32 个。

例题引领

例 1 某微粒用 $^{A}_{Z}X^{n-}$ 表示,下列关于该微粒的叙述正确的是(　　)

A. 所含质子数 $=A-n$　　B. 所含中子数 $=A-Z$

C. 所含电子数 $=Z-n$　　D. 质量数 $=A+Z$

解析 $^{A}_{Z}X^{n-}$ 表达式中,A 表示质量数,Z 表示质子数,n 表示离子所带电荷数。因此,中子数等于质量数减去质子数,即 $A-Z$;X 原子的电子数等于质子数 Z,X^{n-} 比 X 原子多 n 个电子,因此 X^{n-} 的电子数是 $Z+n$,选项 B 正确。

答案 B

例 2 下列比核电荷数为 11 的元素原子少 1 个电子,而又多一个质子的微粒是(　　)

A. Ne　　B. Na^{+}　　C. Mg^{2+}　　D. Al^{3+}

解析 核电荷数为 11 的元素是钠,钠原子的电子数为 11,比钠原子少 1 个电子、多一个质子的微粒的电子数为 10,质子数为 12。质子数为 12 的元素是镁,电子数为 10 的微粒应该是 Mg^{2+},选项 C 正确。

答案 C

达标训练

一、选择题

1. 据报道,元素钬(Ho)的放射性同位素($^{166}_{67}Ho$)可用于治疗肝癌,该同位素原子核内中子数与核外电子数之差为(　　)

A. 32　　B. 67　　C. 99　　D. 166

2. 美国科学家将铅($_{82}Pb$)和氪($_{36}Kr$)两种元素的原子核对撞,获得了氭的超重同位素:质子数为 118、中子数为 175。则该元素原子的质量数是(　　)

A. 118　　B. 175　　C. 293　　D. 57

3. 据新华社报道,我国科学家首次合成了一种新核素镅-235($^{235}_{95}Am$),这种新核素同铀-235($^{235}_{92}U$)比较,下列叙述正确的是(　　)

A. 互为同位素　　B. 原子核内具有相同的中子数

C. 具有相同的质量数　　D. 原子核外电子总数相同

4.原子核外每个电子层上均含有 $2n^2$ 个电子的元素是(　　)

A. Be　　B. C　　C. Ar　　D. Ne

5. 具有下列结构示意图的微粒,既可以是原子,又可以是阴离子和阳离子的是(　　)

A. 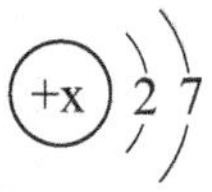 (+x) 2 7　　B. 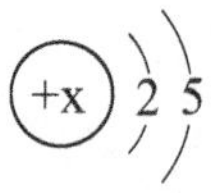 (+x) 2 5　　C. 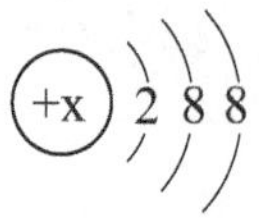 (+x) 2 8 8　　D. 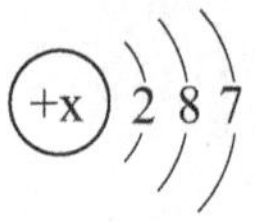 (+x) 2 8 7

6. 下列微粒结构示意图中,代表阴离子的是(　　)

A. 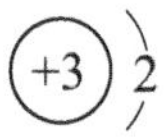 (+3) 2　　B. 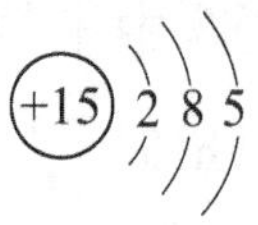 (+15) 2 8 5　　C. 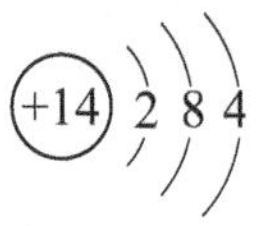 (+14) 2 8 4　　D. 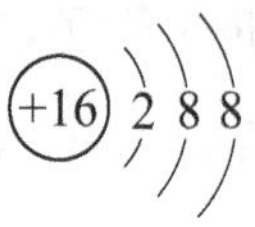 (+16) 2 8 8

7. 放射性同位素 $^{131}_{53}I$ 常用于诊断、治疗甲状腺疾病, $^{131}_{53}I$ 的中子数是(　　)

A. 53　　B. 131　　C. 78　　D. 54

8. 已知某元素位于元素周期表第 2 周期ⅤA 族,该元素的最外层电子数是(　　)

A. 2　　B. 5　　C. 7　　D. 3

9. 下列有关钙离子 $^{40}_{20}Ca^{2+}$ 的叙述错误的是(　　)

A. 原子序数为 20　　B. 电子数为 20　　C. 质量数为 40　　D. 中子数为 20

10.下列有关氘和氚的说法正确的是(　　)

A. 两种不同的元素　　B. 质子数相同　　C. 中子数相同　　D. 质量数相同

二、填空题

1. 具有相同的________和不同的________的________元素的不同________互称为同位素,在周期表中位于________位置。

2. H_2O、D_2O、T_2O 三种分子中,共有________种元素。

3. 电子层用字母________表示。数值愈大,表示电子离核________,能量________。

4. 经科学研究表明,原子核外电子排布规律是

① 各电子层最多容纳________个电子;② 最外层不超过________个电子(K 层除外);③ 次外层不超过________个电子。

5. 在 $^{60}_{27}Co$、$^{14}_{7}N$、$^{35}_{17}Cl$、$^{35}_{17}Cl^{-}$、$^{59}_{27}Co$、$^{14}_{6}C$ 几种微粒中:

(1) ________和________的质子数相同,中子数不同,互为同位素。

(2) ________和________的质子数相同,属于同一种元素,但不能互称为同位素。

(3) ________和________的质量数相等,但质子数不相等,所以不是同一种元素。

三、综合题

1. 写出镁离子和氯离子的微粒符号、质子数和核外电子数。

2. 已知 A 元素+1 价阳离子的核外电子排布和氩原子的核外电子排布相同,B 元素原子的 M 层比 L 层少 3 个电子,C 元素的原子核外只有一个电子。请写出 A、B、C 三种元素的名称、符号和原子结构示意图。

第二节　元素周期律

学习目标

1. 知道元素周期表的结构，理解元素周期律，了解元素周期表和元素周期律的应用。

2. 能设计实验方案，探究元素周期表中元素性质的递变规律，认识结构变化是元素性质变化的根本原因。

3. 通过对徐光宪、徐寿等科学家生平事迹和成果的了解，学习他们爱国、敬业以及探索未知、崇尚真理、严谨求实的科学精神。

重点难点

一、元素周期表

在原子中，原子序数和元素的原子结构存在如下关系：

原子序数=核电荷数=质子数=核外电子数

元素周期表有 7 行，每一行称为一个周期，共有 7 个周期，依次用 1、2、3、4、5、6、7 表示。

元素的周期序数=该周期元素的电子层数

元素周期表有 7 个主族、7 个副族、1 个Ⅷ族和 1 个 0 族。主族用罗马数字加字母 A 表示，如ⅠA~ⅦA；副族用罗马数字加字母 B 表示，如ⅠB~ⅦB。

主族元素的族序数=该主族元素原子的最外层电子数

二、元素周期律

元素的性质随着原子序数的递增呈周期性的变化，这一规律叫元素周期律。

元素周期表中元素性质的递变规律：

(1) 同周期元素从左到右，原子半径依次递减，同主族元素从上到下，原子半径依次递增。

(2) 同周期元素从左到右，金属性依次递减，非金属性依次递增；同主族元素从上到下，金属性依次递增，非金属性依次递减。

例题引领

例 1　下列各组元素按元素非金属性逐渐增强的顺序排列的是(　　)

A. P、Si、C　　B. N、P、S　　C. P、S、Cl　　D. P、O、S

解析　元素周期表中同周期元素的非金属性从左到右依次递增，同主族元素的非金属性从上到下依次递减。P、S、Cl 在元素周期表中是同周期从左到右的顺序，非金属性逐渐增强，选项 C 正确。

答案　C

例 2　据报道，1995 年我国科研人员在兰州首次合成了镤元素的一种同位素（镤-239），并测知其原子核内有 148 个中子。现有 A 元素的一种同位素，比镤-239 的原子核内少 56 个质子和 103 个中子，则 A 元素在元素周期表中的位置是（　　）

A. 第 3 周期、ⅠA 族　　　　B. 第 4 周期、ⅠA 族

C. 第 4 周期、ⅦA 族　　　　D. 第 3 周期、ⅦA 族

解析　根据题意可知镤-239，质量数为 239，中子数为 148，则其质子数为 91。A 元素比镤-239 的原子核内少 56 个质子，则其质子数为 $91-56=35$，其原子结构示意图为 (+35) 2 8 18 7，原子核外共有 4 个电子层，最外层电子数为 7，因此位于元素周期表第 4 周期，ⅦA 族，选项 C 正确。

答案　C

达标训练

一、选择题

1. 已知某原子的原子序数，可能推断出：① 质子数；② 中子数；③ 质量数；④ 核电荷数；⑤ 核外电子数；⑥ 元素在周期表的位置。其中正确的是（　　）

A. ①②③　　B. ③④⑤⑥　　C. ②⑥　　D. ①④⑤⑥

2. 下列有关性质的比较，不能用元素周期律解释的是（　　）

A. 酸性：$HClO_4>H_2SO_4$　　　　B. 非金属性：O>S

C. 碱性：$NaOH>Mg(OH)_2$　　　　D. 热稳定性：$Na_2CO_3>NaHCO_3$

3. 下列说法中错误的是（　　）

A. 钾的金属性比钙强　　　　B. 氯元素的非金属性比氟元素的弱

C. 硫酸的酸性比磷酸强　　　　D. 氢氧化钠的碱性比氢氧化钾强

4. 下列有关元素性质递变情况的说法正确的是（　　）

A. Na、Mg、Al 原子的最外层电子数依次增多

B. Li、Na、K 的金属性依次减弱

C. Al、Si、P 的原子半径依次增大

D. Cl、Br、I 的最高正化合价依次升高

5. 下列说法中错误的是(　　)

A. 元素周期表中一共有 7 个主族、7 个副族、1 个Ⅷ族和 1 个 0 族

B. 稀有气体元素原子的最外层电子数均为 8

C. 氟是非金属性最强的元素

D. 氧元素位于第 2 周期ⅥA 族

6. 元素周期表 7 个周期中包含元素种类最少的是(　　)

A. 第 4 周期　　B. 第 5 周期

C. 第 1 周期　　D. 第 7 周期

7. 主族元素 X 的气态氢化物的化学式为 XH_3,它的最高正价为(　　)

A. +3　　B. +4　　C. +5　　D. +6

8. 由于元素周期表中位置靠近的元素性质相似,可以借助元素周期表在一定区域内寻找需要的元素。如在元素周期表中金属与非金属的分界线附近易找到(　　)

A. 制农药的元素　　B. 制催化剂的元素

C. 制半导体的元素　　D. 制耐高温合金材料的元素

9. 已知某元素位于元素周期表第 2 周期ⅡA 族,该元素的最外层电子数是(　　)

A. 1　　B. 2　　C. 3　　D. 4

10. 与主族元素在元素周期表中所处的位置有关的是(　　)

A. 中子数　　B. 原子量

C. 次外层电子数　　D. 电子层数和最外层电子数

二、填空题

1. 通过原子核外电子排布发现,随着原子序数的递增,原子最外层电子数呈________变化,而元素性质同样随着原子序数的递增呈________变化,这一规律叫作____________。

2. 根据元素周期表回答下列问题:

(1) 第 3 周期中,原子半径最大的元素是________,金属性最强的元素是________。

(2) ⅥA 族中,原子半径最小的元素是________,非金属性最强的元素是________。

3. 在化学上,元素的金属性是指原子________电子形成________离子的倾向性。原子失电子能力越强,则金属性就________。

4. 一般而言,判断元素最高正价氧化物对应的水化物的碱性与元素的________性一致,酸性则与元素的________性一致,而氢化物的稳定性也与元素的非金属性相一致。

5. Na、Mg、Al 的金属性依次__________,NaOH、$Mg(OH)_2$、$Al(OH)_3$ 的碱性依次________。

三、综合题

1. 下表列出了 a、b、c、d 四种元素在周期表中的位置:

周期	族		
	ⅠA	ⅡA	ⅢA
2			
3	a	b	c
4	d		

(1) 写出这4种元素的名称、符号以及其原子半径的排列顺序。

(2) 这4种元素中金属性最强的是哪个元素?

2. 画出元素 $_{16}S$、$_{17}Cl$ 的原子结构示意图,指出两元素在周期表中的位置,比较两者的非金属性,说明理由。

3. 已知元素R的气态氢化物分子式为 H_2R,其最高正价氧化物中氧的质量分数约为60%,计算R的原子量,写出R的元素名称。

第三节 化学键

学习目标

1. 知道化学键的概念,理解离子键和共价键的形成条件,能熟练书写常见物质的电子式。

2. 知道离子化合物和共价化合物的概念,能够判断常见化合物的类别。

3. 能从宏观和微观结合的视角理解化学反应中物质变化的实质。

重点难点

分子中相邻的原子或离子之间存在的强烈的相互作用称为化学键。

一、离子键

带相反电荷离子之间的强烈的静电作用叫作离子键。由离子键构成的化合物叫作离子化合物。

活泼的金属元素(如钾、钠、钙、镁等)与活泼的非金属元素(如氧、氯等)化合时,一般以离子键结合,形成离子化合物。形成离子键时,离子既可以是单离子,如 Na^+、Cl^-;也可以是原子团,如 NH_4^+、OH^-,SO_4^{2-} 等。

二、共价键

原子间通过共用电子对形成的相互作用称为共价键。全部由共价键形成的化合物称为共价化合物。

非金属元素之间化合时,通常形成共价键。

化学上,常用一根短线表示一对共用电子对,这种表示方式称为结构式。

化学反应的过程,本质上就是旧化学键断裂和新化学键形成的过程。

例题引领

例 1 下列化合物中,既含有离子键,又含有共价键的是( )

A. MgO　　B. NaOH　　C. CO_2　　D. $CaCl_2$

解析 MgO 中,Mg 是典型金属元素,O 是典型非金属元素,两者的原子之间通过电子得失形成离子键,电子式为 $Mg^{2+}\left[{}^{\times}_{\cdot}\underset{\cdot\cdot}{\ddot{O}}{}^{\times}_{\cdot}\right]^{2-}$。NaOH 中,Na 是典型金属元素,Na 原子失去 1 个电子,O 原子得到 Na 的电子;O 和 H 都是非金属元素,两者的原子之间形成共价键;NaOH 的电子式为 $Na^+\left[{}^{\times}_{\cdot}\underset{\cdot\cdot}{\ddot{O}}{}^{\times}_{\cdot}H\right]^-$,$Na^+$和 OH^-之间是离子键,OH^-中 O 和 H 之间是共价键。CO_2 中,C 和 O 都是非金属元素,两者的原子之间形成共价键,电子式为 $:\ddot{O}:{}^{\times}_{\times}C{}^{\times}_{\times}:\ddot{O}:$。$CaCl_2$ 中,Ca 是典型金属元素,Cl 是典型非金属元素,两者的原子之间形成离子键,电子式为 $\left[:\underset{\cdot\cdot}{\ddot{Cl}}{}^{\times}_{\cdot}\right]^-Ca^{2+}\left[:\underset{\cdot\cdot}{\ddot{Cl}}{}^{\times}_{\cdot}\right]^-$。所以选项 B 正确。

答案 B

例 2 下列属于共价化合物的是( )

A. H_2　　B. NH_3　　C. NaOH　　D. K_2S

解析 H_2 是单质,不是化合物;NH_3 的电子式为 $H{}^{\times}_{\cdot}\underset{\underset{H}{\cdot\times}}{\ddot{N}}{}^{\times}_{\cdot}H$,NaOH 的电子式为 $Na^+\left[{}^{\times}_{\cdot}\underset{\cdot\cdot}{\ddot{O}}{}^{\times}_{\cdot}H\right]^-$,$K_2S$ 的电子式为 $K^+\left[{}^{\times}_{\cdot}\underset{\cdot\cdot}{\ddot{S}}{}^{\times}_{\cdot}\right]^{2-}K^+$,NaOH 和 K_2S 结构中有离子键,NH_3 结构中只有共价键,所以 NH_3 是共价化合物,选项 B 正确。

答案 B

达标训练

一、选择题

1. 下列物质中,不存在化学键的是(　　)

A. 水　　B. 食盐　　C. 氯气　　D. 氦气

2.下列物质的结构中,含有离子键的是(　　)

A. H_2O　　B. HCl　　C. CaO　　D. CO_2

3. 下列结构式正确的是(　　)

A. 氨分子:N—H—H—H　　B. 氯分子:Cl—Cl

C. 氮分子:N—N　　D. 氯化钠:Na—Cl

4. 下列化合物属于离子化合物的是(　　)

A. MgO　　B. NH_3　　C. H_2S　　D. CS_2

5. 下列电子式,正确的是(　　)

A. KCl: $K^+\left[:\ddot{\underset{..}{Cl}}:\right]^-$　　B. KCl: $K:\ddot{\underset{..}{Cl}}:$

C. HCl: $H^+\left[:\ddot{\underset{..}{Cl}}:\right]^-$　　D. K_2O: $K\times\ddot{\underset{..}{O}}\times K$

6. A、B 两种主族元素位于同一周期,并能形成 AB_2 型共价化合物,结构式为 B═A═B, A 和 B 两种元素可能分别位于元素周期表中的(　　)

A. ⅠA 和ⅤA 族　　B. ⅠA 和ⅥA 族

C. ⅡA 和ⅦA 族　　D. ⅣA 和ⅥA 族

7. 下列各组用原子序数表示的 A、B 两种元素,能形成 AB_2 型离子化合物(B 为阴离子)的是(　　)

A. 6 和 8　　B. 11 和 13　　C. 11 和 16　　D. 12 和 17

8. 下列 4 组原子序数代表的元素,彼此间能形成共价键的是(　　)

A. 8 和 11　　B. 8 和 16　　C. 7 和 19　　D. 9 和 12

9. 下列变化过程中,有新的化学键形成的是(　　)

A. Na 与 H_2O 反应　　B. 水和酒精以任意比例混合

C. 碘单质受热升华　　D. I_2溶于 CCl_4中

二、填空题

1. 化学键是________________________________。________和________是两种常见的化学键。

2. ________________之间通过____________而形成的化学键叫离子键。________________之间通过____________而形成的化学键叫共价键。

3. ______________的化合物称为离子化合物。______________的化合

物称为共价化合物。

4. 判断下列物质中化学键的类型：

（1）KBr____________________；（2）N_2____________________；

（3）H_2S____________________；（4）NaOH____________________。

5. 写出下列物质的结构式：

（1）N_2____________________；（2）H_2S____________________。

三、综合题

已知 A 元素+1 价阳离子的核外电子排布和氖原子的核外电子排布相同，B 元素位于周期表中第 2 周期ⅥA 族，C 元素的原子核外只有一个电子。回答下列问题：

（1）写出 A、B、C 三种元素的名称和符号。

（2）分别写出 A 与 B 以及 B 与 C 形成的典型化合物的化学式，并写出它们的电子式。

第四节　分子的极性

学习目标

1. 知道共价键极性、分子极性的概念。
2. 理解分子极性和分子结构的关系，结合常见物质分子的立体结构，判断分子的极性。
3. 能利用分子极性解释物质的性质，进一步形成结构决定性质的观念。

重点难点

一、极性共价键和非极性共价键

同种元素的两个原子之间形成的共价键通常是非极性共价键。

两种不同元素的原子之间形成的共价键通常是极性共价键。

二、极性分子和非极性分子

极性分子：正、负电荷重心不重叠的分子。

非极性分子：正、负电荷重心重叠的分子。

对于双原子分子，分子的极性与共价键的极性一致。两个相同原子组成的双原子分子，都是非极性分子；两个不同原子组成的双原子分子，都是极性分子。

对于多原子分子，分子的极性不仅与键的极性有关，还与分子的空间构型有关，如表 1-1 所示：

表 1-1　常见分子的空间构型和分子的极性

分子	CO_2	H_2O	NH_3	CH_4
空间构型	直线形	V 形	三角锥形	正四面体形
分子的极性	非极性分子	极性分子	极性分子	非极性分子

相似相溶规律：极性分子构成的溶质易溶于极性分子构成的溶剂，非极性分子构成的溶质易溶于非极性分子构成的溶剂。

例题引领

例 1　下列分子中，含极性键的非极性分子是(　　)

A. CH_4　　B. H_2O　　C. H_2　　D. HF

解析　CH_4 中的 C—H 键是极性键，CH_4 的空间构型是正四面体，为非极性分子；H_2O 中的 O—H 键是极性键，H_2O 是 V 形分子，为极性分子；H_2 中的 H—H 键是非极性键，H_2 是非极性分子；HF 中的 H—F 是极性键，HF 是极性分子。所以选项 A 正确。

答案　A

例 2　下列元素的原子中，能与其他元素的原子形成离子键或共价键，而且只能以单键形式与自身或其他元素原子形成共价键的是(　　)

A. Ne　　B. Cl　　C. O　　D. N

解析　Ne 是稀有气体，以单原子分子存在；Cl、O、N 三者都是活泼非金属元素，都能与自身或其他元素的原子形成共价键或离子键，但 Cl 的最外层有 7 个电子，距 8 电子稳定结构仅差 1 个电子，因此只能以单键形式与自身或其他元素的原子形成共价键。所以选项 B 正确。

答案　B

达标训练

一、选择题

1. I_2 易溶于 CCl_4，是因为(　　)

A. I_2 能和 CCl_4 发生化学反应　　B. I_2 和 CCl_4 的密度相近

C. I_2 和 CCl_4 都是非极性分子　　D. I_2 和 CCl_4 都是共价化合物

2. 下列物质中，既含有极性键，又含有离子键的是(　　)

A. NaOH　　B. CS_2　　C. CH_4　　D. NH_3

3. 下列分子中，属于含有极性键的非极性分子的是(　　)

A. Cl_2　　B. NH_3　　C. H_2O　　D. CCl_4

4. 下列分子中，所有原子都在一条直线上且属非极性分子的是(　　)

A. NH_3　　B. H_2O　　C. CH_4　　D. CS_2

5. 下列叙述正确的是(　　)

A. 含非极性键的化合物中不可能含有离子键

B. 共价化合物中不含离子键

C. 含极性键的分子一定是极性分子

D. 完全由非金属元素形成的化合物一定不含离子键

6. 下列说法错误的是(　　)

A. 氯化氢易溶于水，不易溶于汽油

B. 非极性分子中的化学键一定是非极性键

C. 碘易溶于 CCl_4，不易溶于水

D. 双原子分子不一定是非极性分子

7. 金属与非金属之间通常情况下都形成离子化合物，但实验证实 $BeCl_2$(氯化铍)为共价化合物，两个 Be—Cl 键间的夹角为 180°，由此可判断 $BeCl_2$属于(　　)

A. 由极性键形成的极性分子　　B. 由极性键形成的非极性分子

C. 由非极性键形成的极性分子　　D. 由非极性键形成的非极性分子

8. A 和 B 均为主族元素，A 原子最外层有 1 个电子，B 原子最外层有 6 个电子，下列有关由 A、B 形成的化合物的叙述正确的是(　　)

A. 一定是离子化合物　　B. 不一定是离子化合物

C. 化合物中 B 的化合价一定是-2 价　　D. 其分子式或化学式肯定是 A_2B

二、填空题

1. ____________________的分子称为非极性分子，____________________的分子称为极性分子。

2. 下列分子中：H_2、HI、I_2、HBr、N_2、H_2S、CH_4，属于非极性分子的是____________________，属于极性分子的是____________________。

3. CS_2 的空间构型是________，正负电荷重心________，属于________分子。

4. 溴化碘(IBr)的结构和性质与 Br_2、I_2 相似，IBr 是含________(填"极性键"或"非极性键")的____________________(填"离子化合物"或"共价化合物")。

三、综合题

1. 在医药上常用 30 g/L 的过氧化氢(H_2O_2)溶液作消毒杀菌剂，用来清洗化脓性伤口、洗耳和漱口，请写出 H_2O_2 的电子式和结构式。

2. 四氯化碳是实验室常见溶剂,其分子的空间构型和甲烷相同。回答下列问题:

(1) 写出四氯化碳的电子式。

(2) 四氯化碳是离子化合物还是共价化合物?

(3) 四氯化碳是极性分子还是非极性分子?

(4) 碘单质(I_2)和水在四氯化碳中分别是易溶还是难溶? 为什么?

第五节 分子间作用力和氢键

学习目标

1. 知道分子间作用力的概念,能正确区分分子间作用力和化学键。

2. 理解氢键的概念和形成条件。

3. 能运用分子间作用力和氢键解释物质的一些性质,进一步形成结构决定性质的观念。

重点难点

一、分子间作用力

分子与分子之间存在着将分子聚集在一起的作用力,这种作用力称为分子间作用力,也称为范德华力。由分子构成的物质,分子间作用力是影响物质熔点、沸点等物理性质的一个重要因素。

二、氢键

当氢原子与吸电子能力强、原子半径很小的原子 X(F、O、N 等)以共价键结合形成分子时,此氢原子可以与另一个吸电子能力强、原子半径很小且外层有孤对电子的原子 Y(F、O、N 等)作用,这种作用力称为氢键。

氢键不是化学键,是一种特殊的分子间作用力。分子间氢键的形成,导致物质的熔点和沸点升高;溶质和溶剂分子之间如果能形成氢键,则溶质在该溶剂中的溶解度会增大。

例题引领

例 1 下列说法正确的是(　　)

A. 只要含有氢的分子之间都存在氢键　　B. 不含氢的分子间也可能存在氢键

C. 化学键包括离子键、共价键和氢键　　D. 氢键属于分子间作用力

解析　当氢原子与 F、O、N 等吸电子能力强、原子半径很小的原子以共价键结合形成分子,再遇到 F、O、N 等吸电子能力强、原子半径很小且外层有孤对电子的原子时,才会产生氢键,因此选项 A 和 B 都是错误的。氢键是分子与分子之间的作用力,所以氢键不是化学键,选项 C 错误,选项 D 正确。

答案　D

例 2　冰融化时,必须克服的作用力主要是(　　)

A. 共价键　　B. 离子键　　C. 氢键　　D. 范德华力

解析　冰融化后还是 H_2O,因此冰融化是物理变化,不是化学变化,化学键 O—H 键没有断裂;水分子之间存在氢键,氢键是特殊的分子间作用力,比范德华力更强烈,冰融化主要克服的是分子间作用力氢键。选项 C 正确。

答案　C

达标训练

一、选择题

1. 下列分子间存在氢键的是(　　)

A. H_2　　B. HF　　C. H_2S　　D. HI

2. 乙醇能与水以任意比例互溶主要是因为(　　)

A. 乙醇能与水发生化学反应　　B. 乙醇和水的密度相近

C. 乙醇能与水形成氢键　　D. 乙醇和水的沸点相近

3. 水具有反常高的沸点,这是由于水分子之间存在(　　)

A. 氢键　　B. 离子键　　C. 共价键　　D. 化学键

4. 水分解成氢气和氧气,破坏的是(　　)

A. 氢键　　B. 离子键　　C. 共价键　　D. 分子间作用力

5. 下列关于 F_2、Cl_2、Br_2、I_2 的沸点的高低排列顺序正确的是(　　)

A. $F_2>Cl_2>Br_2>I_2$　　B. $F_2<Cl_2<Br_2<I_2$　　C. $F_2>Br_2>Cl_2>I_2$　　D. $F_2<Br_2<Cl_2<I_2$

6. 下列作用力中对水的熔点、沸点影响较大的是(　　)

A. 离子键　　B. 共价键　　C. 氢键　　D. 范德华力

7. 中国科学院国家纳米科学中心科研人员在国际上首次“拍”到氢键的“照片”,实现了氢键的实空间成像,为“氢键的本质”这一化学界争论了 80 多年的问题提供了直观证据。下列有关氢键的说法不正确的是(　　)

A. 由于氢键的存在,HF 的稳定性强于 H_2S

B. 由于氢键的存在,乙醇(CH_3CH_2OH)比甲醚(CH_3—O—CH_3)更易溶于水

C. 由于氢键的存在,沸点:$HF>HI>HBr>HCl$

D. 由于氢键的存在,冰能浮在水面上

8. 下列关于范德华力的叙述正确的是(　　)

A. 是一种较弱的化学键　　B. 分子间存在的较强的电性作用

C. 直接影响所有物质的熔点、沸点　　D. 稀有气体的原子间存在范德华力

9. 下列说法错误的是(　　)

A. 卤化氢中,HF 的沸点最高是由于 HF 分子间存在氢键

B. H_2O 的沸点比 HF 的高,可能与氢键有关

C. 水蒸气中,水分子间存在氢键

D. CH_4 气体中不存在分子间氢键

10. 下列说法正确的是(　　)

A. 分子间作用力与化学键都是强烈的微粒间的相互作用

B. 分子间作用力是比化学键更强烈的微粒间的相互作用

C. 分子间作用力主要影响物质的化学性质

D. 分子或晶体内相邻原子或离子之间强烈的相互作用称为化学键,分子之间的相互作用称为分子间作用力

二、填空题

1. 干冰(固体 CO_2)挥发,必须克服________,HI(碘化氢)分解成 H_2 和 I_2,必须克服________。(填序号:① 共价键;② 离子键;③ 氢键;④ 分子间作用力)

2. 一般来说,分子组成和结构相似的物质,随着分子量的增加,范德华力逐渐________。

3. 氢键的作用力比范德华力________,比化学键的键能________。

4. 分子间作用力和氢键主要影响物质的________、________、________。

5. 比较下列物质熔点、沸点的高低并说明原因。

(1) H_2O________H_2S,原因:____。

(2) HF________HCl,原因:____。

(3) Br_2________I_2,原因:____。

(4) CH_4________CCl_4,原因:____。

三、综合题

1. 常温下卤素单质中 F_2 和 Cl_2 是气体,Br_2 是液体,I_2 是固体,请解释为什么 F_2、Cl_2、Br_2、I_2 的熔沸点依次递增。

2. 为什么甲烷(CH_4)难溶于水,而氨(NH_3)不仅能溶于水,而且极易溶解于水?

3. 通过相似相溶和氢键相关知识的学习,解释以下事实:① I_2 在水中溶解度很小。② H_2O 的熔点、沸点明显高于 H_2S 的熔点、沸点。③ 乙醇(C_2H_5OH)能与水混溶。

第六节　配位键和配位化合物

学习目标

1. 知道配位键、配位化合物的概念。
2. 能准确判断配合物的结构,学会配位化合物的命名方法。
3. 能通过实验探究配合物的组成,学习科学研究的方法。

重点难点

一、配位键

在共价键中,共用电子对是由其中一个原子单独提供的,与另一个离子或原子共用,这样形成的共价键称为配位键。

配位键可以用 A→B 来表示,如:

$$\left[\begin{array}{c} \quad H \\ \quad | \\ H-N\rightarrow H \\ \quad | \\ \quad H \end{array}\right]^+$$

二、配位化合物

1. 概念

由金属离子或原子和一定数目的阴离子或中性分子以配位键结合而成的复杂离子或分子称为配离子或配位分子。含有配离子或配位分子的化合物统称为配位化合物,简称配合物。

2. 组成

配合物通常由内界和外界组成,内界由中心离子(原子)和配位体以配位键结合而成,除内界外的简单离子称为外界,内界和外界以离子键结合成配合物。配位分子比较特殊,只有内界,没有外界。

(1) 中心离子和中心原子:在配合物中,凡接受孤对电子的离子或原子称为中心离子或中心原子。

(2) 配位体:在配合物中,提供孤对电子的分子或离子称为配位体。在配位体中直接同中心离子相结合的原子叫配位原子。

(3) 配位数:与中心离子直接结合的配位原子的总数称为中心离子的配位数。

(4) 配离子的电荷:配离子与外界离子所带的电荷数量相等而电性相反。配离子的电荷数等于中心离子的电荷数和配位体总电荷数的代数和。

3. 命名

(1) 配离子的命名方法:配位体数(用中文数字表示)+配位体的名称+合+中心离子名称(中心离子化合价,用罗马数字表示)。

(2) 配合物的命名方法:配合物的命名服从一般无机化合物的命名原则,即阴离子在前,阳离子在后。

① 若配离子为阴离子,作为酸根,命名时配离子与外界间加一“酸”字;

② 若配离子为阳离子,则相当于普通盐中的简单阳离子。若外界是简单的阴离子,则称“某化某”;若外界是含氧的原子团类阴离子,则称“某酸某”。

例题引领

例 1 下列配合物中,中心离子化合价为+3 且配位数是 6 的是( )

A. $[Ni(NH_3)_6]SO_4$　　B. $K_4[Fe(CN)_6]$

C. $K_3[Fe(CN)_6]$　　D. $H_2[PtCl_6]$

解析 设 $[Ni(NH_3)_6]SO_4$ 中 Ni 的化合价为 x:$x+(-2)=0$,$x=+2$。设 $K_4[Fe(CN)_6]$ 中 Fe 的化合价为 x:$(+1)\times4+x+(-1)\times6=0$,$x=+2$。设 $K_3[Fe(CN)_6]$ 中 Fe 的化合价为 x:$(+1)\times3+x+(-1)\times6=0$,$x=+3$。设 $H_2[PtCl_6]$ 中 Pt 的化合价为 x:$2\times(+1)+x+(-1)\times6=0$,$x=+4$。因此选项 C 正确。

答案 C

例 2 下列配合物的命名不正确的是( )

A. $K_4[Fe(CN)_6]$　六氰合铁(Ⅲ)酸钾

B. $H_2[SiF_6]$　六氟合硅(Ⅳ)酸

C. $[Mn(H_2O)_6]Cl_2$　氯化六水合锰(Ⅱ)

D. $[Cu(NH_3)_4]SO_4$　硫酸四氨合铜(Ⅱ)

解析 $K_4[Fe(CN)_6]$的中心离子是Fe^{2+},所以其名称为六氰合铁(Ⅱ)酸钾。其他选项的命名都是正确的。

答案 A

达标训练

一、选择题

1. 下列离子属于配离子的是(　　)

A. NH_4^+　　B. Cl^-　　C. SO_4^{2-}　　D. $[Cu(NH_3)_4]^{2+}$

2. 下列物质中,属于配合物的是(　　)

A. $CuSO_4 \cdot 5H_2O$　　B. $KAl(SO_4)_2 \cdot 12H_2O$

C. $K_3[Fe(CN)_6]$　　D. $NaHSO_4$

3. 下列离子不能成为中心离子的是(　　)

A. Cu^{2+}　　B. Fe^{3+}　　C. Ag^+　　D. NH_4^+

4. 下列离子或化合物不能作为配位体的是(　　)

A. Fe^{2+}　　B. Cl^-　　C. CN^-　　D. H_2O

5. 下列关于配合物的叙述正确的是(　　)

A. 配合物的组成通常有内界和外界之分　　B. 配离子一定是阳离子

C. 配位体都是阴离子　　D. 外界离子都是阴离子

6. 配合物的特征化学键是(　　)

A. 共价键　　B. 氢键　　C. 配位键　　D. 离子键

7. 关于$K_3[Fe(CN)_6]$,下列叙述正确的是(　　)

A. 溶液中存在大量$K_3[Fe(CN)_6]$分子

B. 溶液中存在大量K^+、Fe^{3+}和CN^-

C. 溶液中存在大量K^+和$[Fe(CN)_6]^{3-}$

D. 溶液中存在大量$K_3[Fe(CN)_6]$分子和$[Fe(CN)_6]^{3-}$离子

8. 下列配合物中,中心离子的化合价为+1价的是(　　)

A. $K_2[HgI_4]$　　B. $[Ag(NH_3)_2]OH$

C. $K_3[Fe(CN)_6]$　　D. $[Cu(NH_3)_4]SO_4$

9. $[Ag(NH_3)_2]OH$的配位数为(　　)

A. 1　　B. 2　　C. 4　　D. 6

10. 下列化合物中同时含有离子键、共价键、配位键的是(　　)

A. Na_2O_2　　B. KOH　　C. NH_4NO_3　　D. H_2O

二、填空题

1. 配合物$[Cu(NH_3)_4]Cl_2$的名称是__________________，中心离子是________，配位体是________，配位数是________，配离子是________，外界是________。

2. 由一个________和一定数目的________结合而成的复杂离子称为配离子。

3. 在配合物中，外界和内界之间以________结合，中心离子和配位体之间以________结合。

三、综合题

1. 已知有两种钴的配合物，它们具有相同的分子式，即$Co(NH_3)_5BrSO_4$，溶液均为近中性。两种溶液的区别在于：在第一种配合物的溶液中加入$BaCl_2$时有沉淀生成，但加入$AgNO_3$时不产生沉淀；而第二种配合物的溶液与此相反。写出两种配合物的结构式并命名，解释上述现象。

2. 写出下列配离子或配合物的名称或化学式。

(1) $[Zn(NH_3)_4](OH)_2$

(2) $[Mn(H_2O)_6]Cl_2$

(3) 六氰合铁(Ⅱ)酸钾

(4) 六氯合铂(Ⅳ)配离子

第二章

常见的无机物及其应用

知识领航

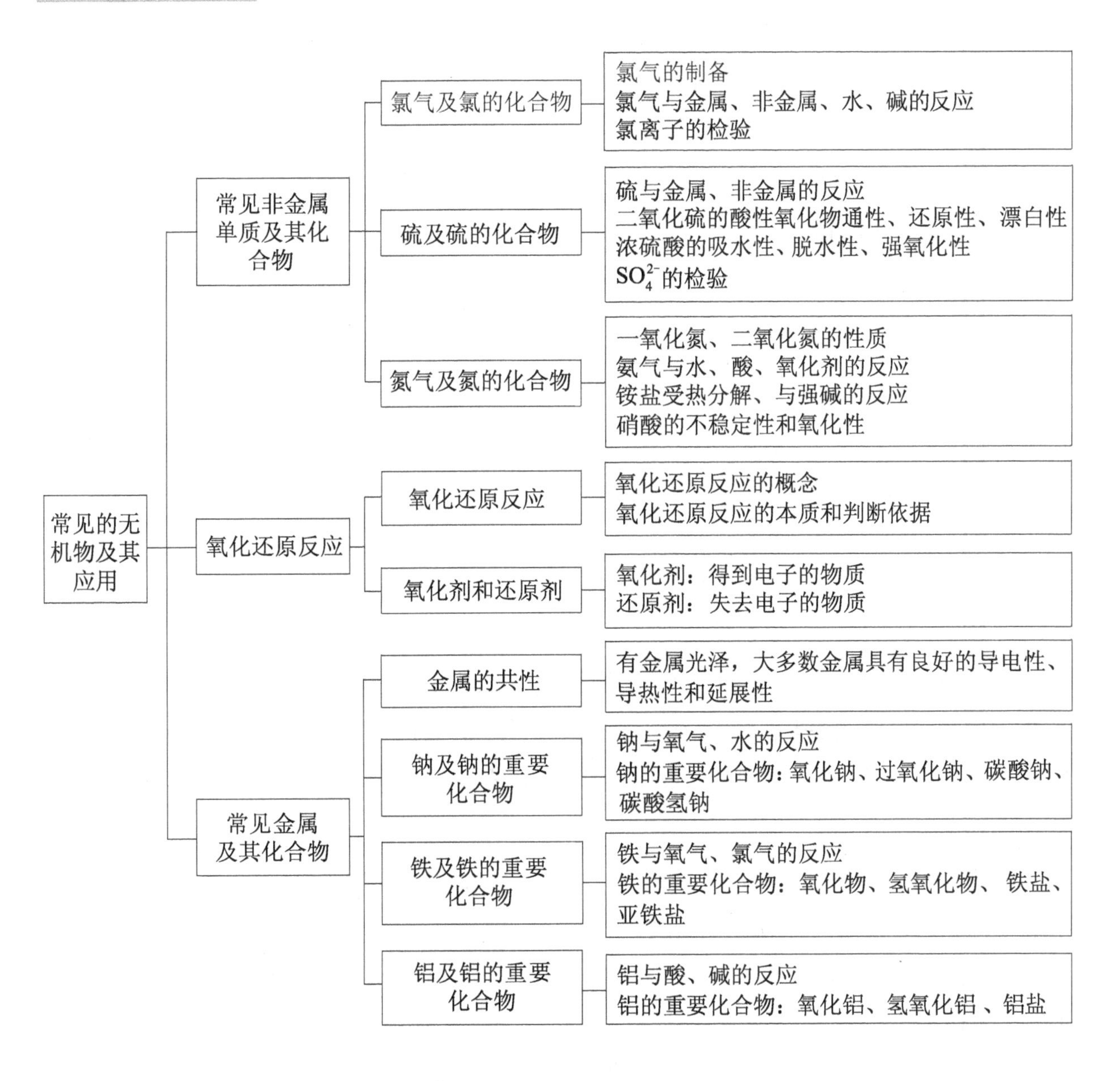

第一节　常见非金属单质及其化合物

学习目标

1. 熟悉非金属的概念；认识氯、硫、氮的单质及其重要化合物的性质。

2. 观察并准确描述氯、硫、氮的单质及其化合物性质实验的现象，通过分析、推理等方法揭示产生现象的本质。

3. 了解氯、硫、氮的单质及其重要化合物在生产、生活中的应用及其对生态环境的影响，认识化学在环境污染防治方面的作用，提升社会责任感。

重点难点

一、氯气及氯的化合物

$$\xrightarrow{\text{化合价升高}}$$

$$\overset{-1}{HCl}\quad \overset{0}{Cl_2}\quad \overset{+1}{HClO}\quad \overset{+3}{HClO_2}\quad \overset{+5}{HClO_3}\quad \overset{+7}{HClO_4}$$

$$\xleftarrow[\text{化合价降低}]{}$$

1. 氯气

（1）制备：$MnO_2+4HCl(浓) \overset{\triangle}{=\!=\!=} MnCl_2+Cl_2\uparrow+2H_2O$（实验室）；$2NaCl+2H_2O \overset{电解}{=\!=\!=} 2NaOH+H_2\uparrow+Cl_2\uparrow$（工业）。

（2）性质及应用：氯气是黄绿色、有刺激性气味的气体，密度比空气大。氯气溶于水得到的水溶液称为氯水，呈浅黄绿色。主要性质及应用如下。

① 氯气与金属反应：氯气的化学性质很活泼，能与多数金属单质直接化合，生成金属氯化物。Na 在氯气中燃烧生成 NaCl，Fe 在氯气中燃烧生成 $FeCl_3$，Cu 在氯气中燃烧生成 $CuCl_2$。

② 氯气与非金属反应：与 H_2 的混合气体在光照或点燃条件下立即发生爆炸，并生成 HCl。

③ 氯气与水反应：$Cl_2+H_2O \rightleftharpoons HCl+HClO$，次氯酸不稳定，易分解，具有漂白、消毒等作用，次氯酸的漂白作用属于氧化漂白。

④ 氯气与碱反应：和 NaOH，$Ca(OH)_2$ 发生反应，其中，Cl_2 和 $Ca(OH)_2$ 反应用于工业生产漂白粉。

化学上，把在反应中得到电子的物质称为氧化剂，把物质得到电子的能力称为氧化能力，得到电子的性质称为氧化性。

2. 氯化氢和盐酸

氯化氢（HCl）是无色、有刺激性气味的气体，其水溶液称为氢氯酸，俗称盐酸。

3. 氯离子的检验

在含氯离子的溶液中加入 $AgNO_3$ 溶液，有白色沉淀生成，该沉淀不溶于稀硝酸。此方法可以用于氯离子的检验。

二、硫及硫的化合物

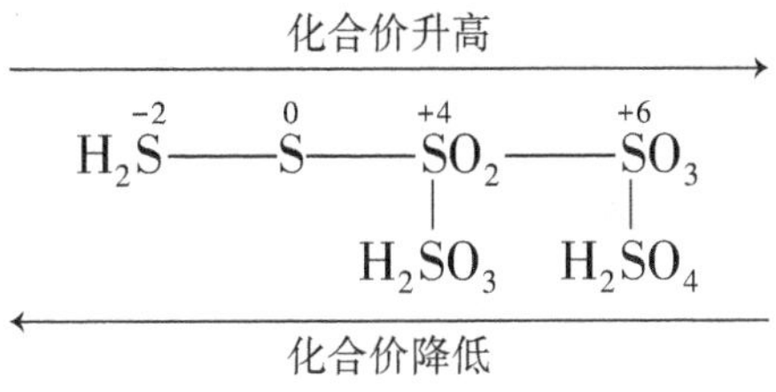

化合价升高 →

$$\overset{-2}{H_2S}\text{——}\overset{0}{S}\text{——}\overset{+4}{SO_2}\text{——}\overset{+6}{SO_3}$$

$$H_2SO_3 \quad H_2SO_4$$

← 化合价降低

硫是黄色或淡黄色的固体，俗称硫黄。

1. 硫的主要化学性质

（1）硫与金属反应：和 Fe 在加热条件下反应生成 FeS，和 Cu 在加热条件下反应生成 Cu_2S。

（2）硫与非金属反应：在 O_2 中燃烧生成 SO_2，和 H_2 在加热条件下反应生成 H_2S。

2. 二氧化硫的性质及用途

二氧化硫是一种无色、有刺激性气味的有毒气体，易溶于水。

（1）二氧化硫具有酸性氧化物的通性。

（2）二氧化硫具有还原性：在加热、催化剂作用下 SO_2 和 O_2 反应生成 SO_3，SO_2 具有还原性。

（3）二氧化硫具有漂白性：属于化合漂白，工业上用于漂白纸浆以及草编织物等。

化学上，把在反应中失去电子的物质称为还原剂，把物质失去电子的能力称为还原能力，失去电子的性质称为还原性。

3. 硫酸的性质及用途

硫酸是实验室常见的三强酸之一，具有酸的通性。

浓硫酸具有以下三大特性：吸水性、脱水性、强氧化性。常温下，冷的浓硫酸能使铁、铝等金属钝化。

在含 SO_4^{2-} 的溶液中加入 $BaCl_2$ 溶液，有白色沉淀生成，该沉淀不溶于稀盐酸。此方法可以用于 SO_4^{2-} 的检验。

三、氮气及氮的化合物

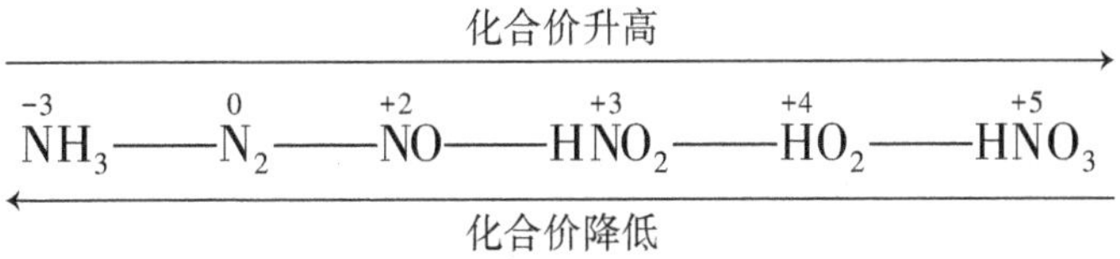

化合价升高 →

$$\overset{-3}{NH_3}\text{——}\overset{0}{N_2}\text{——}\overset{+2}{NO}\text{——}\overset{+3}{HNO_2}\text{——}\overset{+4}{HO_2}\text{——}\overset{+5}{HNO_3}$$

← 化合价降低

1. 氮气

氮气是一种无色、无味的气体，难溶于水。氮气很稳定，在通常状况下，很难发生化学反应。

2. 一氧化氮与二氧化氮

NO 是无色无味的气体,有毒,易被空气中的氧气氧化成 NO_2。NO_2 是红棕色、有刺激性气味的气体,有毒。NO_2 与水反应生成硝酸和 NO。

3. 氨气

氨气是无色、具有刺激性气味的气体,极易溶于水。

(1) 氨气与水反应:氨气溶于水形成的水溶液称为氨水。氨水呈弱碱性。氨气能使湿润的红色石蕊试纸变蓝,可用于检验氨气的存在。

(2) 氨气与酸反应:氨气与酸反应,生成铵盐。

(3) 氨气与氧化剂反应:氨气具有还原性,在加热和有催化剂(如铂)的条件下,能被氧气氧化,生成一氧化氮和水。

4. 铵盐

由铵根离子与酸根离子形成的离子化合物称为铵盐。

(1) 铵盐受热易分解,如氯化铵、碳酸氢铵在加热条件下放出氨气。

(2) 铵盐与强碱共热放出氨气,该反应可用于实验室制备氨气。

5. 硝酸

硝酸是三强酸之一。

(1) 不稳定性:硝酸在光照或加热时会分解,浓硝酸尤其容易分解。

(2) 强氧化性:无论稀硝酸还是浓硝酸,都能与绝大多数金属(除金、铂等少数金属以外)、许多非金属以及有机物发生氧化还原反应。稀硝酸和 Cu 反应,产物为$Cu(NO_3)_2$、NO 和 H_2O;浓硝酸和 Cu 反应,产物为 $Cu(NO_3)_2$、NO_2 和 H_2O。在加热条件下,浓硝酸将 C 氧化,产物为 CO_2、NO_2 和 H_2O。常温下,浓硝酸能使铁、铝等金属钝化。

例题引领

例 1 有一瓶使用过的 Na_2SO_3 溶液,为验证其中是否存在 Na_2SO_4,3 名同学分别进行以下实验:

(1) 取少量试液,加入 $BaCl_2$ 溶液,有白色沉淀,表示有 Na_2SO_4。

(2) 取少量试液,加入 $BaCl_2$ 溶液,有白色沉淀,加稀盐酸,沉淀不消失,表示有 Na_2SO_4。

(3) 取少量试液,加入 $Ba(NO_3)_2$ 溶液,有白色沉淀,加稀硝酸,仍有沉淀残留,表示有 Na_2SO_4。

实验结果一定正确的是(　　)

A. (1)　　B. (2)　　C. (3)　　D. (2)(3)

解析 实验(1)：因 $BaCl_2$ 和 Na_2SO_3 能生成白色沉淀 $BaSO_3$，所以原溶液中有可能没有 Na_2SO_4。实验(2)：$BaCl_2$ 和 Na_2SO_3 生成的白色沉淀 $BaSO_3$ 能溶于稀盐酸，所以加稀盐酸，沉淀不消失，说明有 Na_2SO_4；实验(3)：稀硝酸有氧化性，能把 $BaSO_3$ 氧化成不溶于稀硝酸的 $BaSO_4$，所以加稀硝酸，仍有沉淀残留，不一定表示原溶液中有 Na_2SO_4。所以只有实验(2)的结果是正确的。

答案 B

例 2 下列叙述不正确的是(　　)

A. 液氯是纯净物，氯水是混合物

B. 氯气能漂白干燥有色布条

C. 加酸可使漂白粉的漂白、杀菌能力加强

D. 漂白粉的有效成分是次氯酸钙

解析 氯气本身没有漂白性，不能漂白干燥有色布条，氯气和水反应生成的次氯酸有漂白性，因此，氯气能漂白湿润的有色布条。

答案 B

达标训练

一、选择题

1. 下列物质能使干燥的有色布条褪色的是(　　)

A. 氯气　　B. 次氯酸　　C. 氧气　　D. 盐酸

2. 除去 NaCl 固体中少量 NH_4Cl 固体，可采用(　　)

A. 加热　　B. 加硝酸银溶液　　C. 加水　　D.加氢氧化钠溶液

3. 下列物质中，不是纯净物的是(　　)

A. 漂白粉　　B. 氯化氢　　C. 液氯　　D. 次氯酸钙

4. 硝酸不具有的性质是(　　)

A. 酸性　　B. 还原性　　C. 挥发性　　D. 氧化性

5. 应放在棕色瓶里保存的试剂是(　　)

A. 浓硝酸　　B. 盐酸　　C. 硫酸　　D. 氯化钠

6. 新制氯水及漂白粉溶液均能使有色布条褪色，原因是这些物质均含有(　　)

A. HClO　　B. HCl　　C. Cl^-　　D. Cl_2

7. 下列两种气体，均无颜色、有气味、有毒的一组是(　　)

A. SO_2 和 H_2S　　B. SO_2 和 CO_2　　C. Cl_2 和 H_2S　　D. Cl_2 和 CO

8. 能用于和 FeS 反应制取 H_2S 的是(　　)

A. 稀 H_2SO_4　　B. 稀 HNO_3　　C. 浓 H_2SO_4　　D. 浓 HNO_3

9. 下列有关氯气反应活性的描述正确的是(　　)

A. 和金属、非金属都不能反应　　B. 只能和金属反应,不能和非金属反应

C. 只能和非金属反应,不能和金属反应　　D. 既能和金属反应,又能和非金属反应

10. 使湿润的红色石蕊试纸变蓝的气体是(　　)

A. CO_2　　B. NO_2　　C. NH_3　　D. CO

11. 常温下,能用于存放浓硫酸和浓硝酸的容器为(　　)

A. 铁制容器　　B. 铝制容器　　C. 玻璃容器　　D. 以上均可

二、填空题

1. 氯气通入水中能消毒、杀菌、漂白,原因是氯水中存在________,反应方程式是________________。

2. 工业制备漂白粉的反应方程式为________________________,漂白粉的有效成分是________________。

3. 氯原子最外层电子数为________,在化学反应中容易________个电子而成为________价的离子。

4. 浓硫酸的特性主要表现为 3 个方面:________、________和________。常温下,浓硫酸________(填“能”或“不能”)盛放在铁铝容器中,因为浓硫酸能使铁和铝________。

5. 氨是一种具有________气味的气体,它的水溶液称为________。在水溶液中,氨与水结合形成的一水合氨的化学式为________________。该水溶液呈________(填“酸性”或“碱性”)。

三、综合题

1. 用化学方法鉴别下列物质。

(1) $NaNO_3$、Na_2CO_3、Na_2SO_4

(2) NaCl、NaBr、KI

2. 完成下列化学反应式。

(1) $Cu+2H_2SO_4$(浓)$\xlongequal{\triangle}$

(2) $Cl_2+H_2O \rightleftharpoons$

(3) $2Cl_2+2Ca(OH)_2$ ══

(4) $Cu+4HNO_3$(浓)══

(5) $NH_4Cl \overset{\triangle}{=\!=}$

3. 工业上如何生产漂白粉？写出化学方程式并说出漂白粉的主要成分和有效成分。

第二节　氧化还原反应

学习目标

1. 能从微观上认识氧化还原反应的本质，熟练运用双线桥法分析氧化还原反应。

2. 认识常见的氧化剂和还原剂，了解常见氧化剂和还原剂在医药领域及生活中的应用。

3. 简单了解氧化还原反应在生活中的体现，感悟氧化还原反应与实际生活的联系。

重点难点

一、氧化还原反应

1. 氧化还原反应的概念

化学上，把有元素化合价升降的反应称为氧化还原反应。化合价升高的物质发生氧化反应，化合价降低的物质发生还原反应。

2. 氧化还原反应的本质

氧化还原反应的本质是电子的转移。

"升失氧，降得还"：元素化合价升高，失去电子，发生氧化反应；元素化合价降低，得到电子，发生还原反应。

化合价降低，得到2个电子，发生还原反应

$$\overset{0}{Cu}+2H_2\overset{+6}{S}O_4(\text{浓})=\!=\!=\overset{+2}{Cu}SO_4+\overset{+4}{S}O_2\uparrow+2H_2O$$

化合价升高，失去2个电子，发生氧化反应

二、氧化剂和还原剂

得到电子的物质是氧化剂，失去电子的物质是还原剂；氧化剂能得到电子，具有氧化能力，表现为氧化性。还原剂能失去电子，具有还原能力，表现为还原性。

常见的氧化剂：Cl_2、O_2、$KMnO_4$、$K_2Cr_2O_7$、HNO_3、H_2SO_4（浓）等。

常见的还原剂：活泼金属、H_2S、$FeSO_4$、Na_2SO_3、H_2、CO、C 等。

例题引领

例 1 化学反应 $Cl_2+H_2O \xlongequal{} HClO+HCl$ 中，氧化剂和还原剂分别是（ ）

A. 都是 Cl_2
B. 氧化剂是 Cl_2，还原剂是 H_2O
C. 氧化剂是 H_2O，还原剂是 Cl_2
D. 都是 H_2O

解析 HClO 中氯的化合价为+1 价，HCl 中氯的化合价为-1 价。反应中，Cl_2 中部分氯的化合价从 0 变到+1 价，部分氯的化合价从 0 变到-1 价，所以，氧化剂和还原剂都是 Cl_2。

答案 A

例 2 下列离子中，具有还原性的是（ ）

A. MnO_4^-　B. NO_3^-　C. SO_4^{2-}　D. S^{2-}

解析 MnO_4^- 中的 Mn 是+7 价，是 Mn 的最高价态；NO_3^- 中的 N 是+5 价，是 N 的最高价态；SO_4^{2-} 中的 S 是+6 价，是 S 的最高价态。因此，MnO_4^-、NO_3^-、SO_4^{2-} 都不具有还原性。S^{2-} 中 S 是-2 价，是 S 的最低价态，具有还原性。

答案 D

达标训练

一、选择题

1. 下列基本反应类型中，一定是氧化还原反应的是（ ）

A. 化合反应　B. 分解反应　C. 置换反应　D. 复分解反应

2. 氧化还原反应的实质是（ ）

A. 反应中原子重新组合
B. 得氧、失氧
C. 化合价升降
D. 电子转移

3. 下列关于反应 $Mg+2HCl \xlongequal{} MgCl_2+H_2\uparrow$ 的叙述错误的是（ ）

A. 该反应中没有得氧和失氧，所以不是氧化还原反应
B. 该反应中元素化合价有升降，所以是氧化还原反应
C. 反应中 HCl 发生还原反应，HCl 是氧化剂
D. 反应中 Mg 发生氧化反应，Mg 是还原剂

4. 下列微粒中，S 元素既能被氧化又能被还原的是（ ）

A. SO_3　B. SO_2　C. SO_4^{2-}　D. H_2S

5. 下列说法正确的是(　　)

A. 氧化还原反应一定有氧参加

B. 氧化剂和还原剂一定是两种不同的物质

C. 反应中没有电子的转移,就不会发生元素化合价的升降

D. 氧化还原反应一定存在得氧和失氧

6. 下列反应不属于氧化还原反应的是(　　)

A. $Fe+CuSO_4 = FeSO_4+Cu$　　B. $Zn+2HCl = ZnCl_2+H_2\uparrow$

C. $H_2+Cl_2 = 2HCl$　　D. $NaOH+HCl = NaCl+H_2O$

7. 在反应 $2Na_2O_2+2CO_2 = 2Na_2CO_3+O_2$ 中,Na_2O_2 是(　　)

A. 氧化剂　　B. 还原剂

C. 既是氧化剂又是还原剂　　D. 无法判断

8. 下列变化中,需要加入氧化剂才能进行的是(　　)

A. $NO_3^- \longrightarrow NO$　　B. $Fe^{3+} \longrightarrow Fe^{2+}$　　C. $S^{2-} \longrightarrow H_2S$　　D. $Cu \longrightarrow Cu^{2+}$

9. 古诗词是我国重要的文化遗产,下列诗句中加点字部分涉及氧化还原反应的是(　　)

A. 月波成露露成霜,借与南枝作淡妆　　B. 春蚕到死丝方尽,蜡炬成灰泪始干

C. 粉骨碎身浑不怕,要留清白在人间　　D. 莫道雪融便无迹,雪融成水水成冰

10. 我国“四大发明”在人类发展史上起到了非常重要的作用,黑火药爆炸反应为 $S+2KNO_3+3C \xlongequal{点燃} K_2S+3CO_2\uparrow+N_2\uparrow$。在该反应中,被还原的元素是(　　)

A. N　　B. C　　C. N 和 S　　D. N 和 C

二、填空题

1. 同种元素处于最高价态时,往往只有________性;处于最低价态时,只有________性;处于中间价态时,则既有________性,又有________性。

2. 在反应 $MnO_2+4HCl(浓) \xlongequal{\triangle} MnCl_2+Cl_2\uparrow+2H_2O$ 中,氧化剂是________,还原剂是________,氧化产物是________,还原产物是________。

3. 硫元素有 $\overset{-2}{S}$、$\overset{0}{S}$、$\overset{+4}{S}$、$\overset{+6}{S}$ 等四种常见的价态,其中,________只能作为氧化剂,________只能作为还原剂,________________既可作为氧化剂又可作为还原剂。

三、综合题

1. 判断下列反应是否属于氧化还原反应。如果是,指出氧化剂和还原剂,发生氧化反应和还原反应的物质,以及氧化产物和还原产物。

(1) $CaCO_3+2HCl \xlongequal{\triangle} CaCl_2+H_2O+CO_2\uparrow$

（2）$2KClO_3 \xlongequal{} 2KCl+3O_2\uparrow$

2. 标出下列反应中化合价发生变化的元素的化合价，并用双线桥法分析下列反应。

（1）$2Fe+3Cl_2 \xlongequal{点燃} 2FeCl_3$

（2）$Cl_2+H_2O \rightleftharpoons HCl+HClO$

（3）$3Cu+8HNO_3(稀) \xlongequal{} 3Cu(NO_3)_2+2NO\uparrow+4H_2O$

第三节　常见金属及其化合物

学习目标

1. 熟悉金属的概念及通性；认识钠、铁、铝的单质及重要化合物的性质。

2. 观察并描述钠、铁、铝的单质及化合物性质实验的现象，通过分析、推理等方法揭示产生现象的本质。

3. 了解钠、铁、铝的单质及重要化合物在生产、生活中的应用及对生态环境的影响，培养社会责任感。

重点难点

一、金属的共性

金属都具有金属光泽,大多数金属具有良好的导电性、导热性和延展性。

二、钠及钠的重要化合物

钠及钠的重要化合物主要有以下性质:

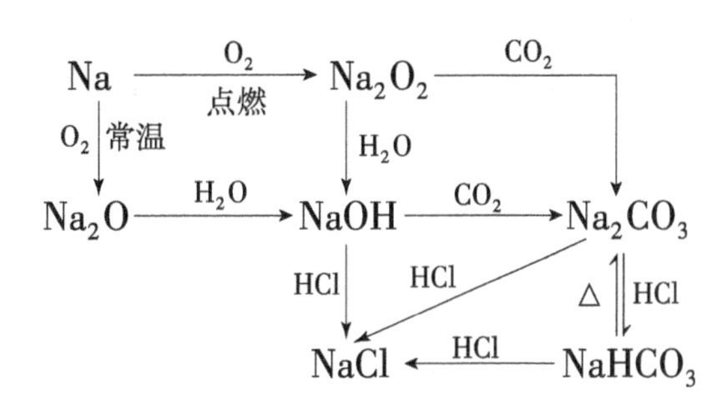

三、铁及铁的重要化合物

铁及铁的重要化合物主要有以下性质:

Fe —(Cl_2,点燃)→ $FeCl_3$ —(NaOH)→ $Fe(OH)_3$

Fe —(HCl)→ $FeCl_2$;$FeCl_3$ —(Fe)→ $FeCl_2$

$FeCl_2$ —(NaOH)→ $Fe(OH)_2$ —(O_2)→ $Fe(OH)_3$

KSCN 溶液可用于 Fe^{3+} 的检验,反应方程式为:

$$FeCl_3+6KSCN \rightleftharpoons \underset{\text{血红色}}{K_3[Fe(SCN)_6]}+3KCl$$

四、铝及铝的重要化合物

铝及铝的重要化合物主要有以下性质:

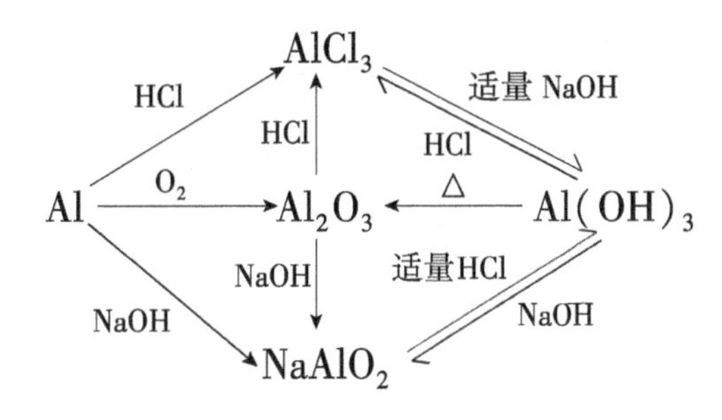

例题引领

例 1 把过量的碳酸氢钠与过氧化钠混合后加热,最后留下的固体物质为(　　)

A. Na_2CO_3　　B. NaOH 和 Na_2CO_3

C. Na_2CO_3 和 Na_2O_2　　D. Na_2CO_3、Na_2O_2 和 Na_2O

解析 碳酸氢钠受热分解成碳酸钠、二氧化碳和水,过氧化钠会和二氧化碳反应生成碳酸钠,所以最后留下的固体物质是碳酸钠。所以选项 A 正确。

答案 A

例 2 下列反应属于氧化还原反应,同时溶液的颜色发生改变的是( )

A. 铁片放入 $CuSO_4$ 溶液中　　B. $FeCl_3$ 中加入 NaOH 溶液

C. Na_2CO_3 中加盐酸　　D. NaOH 溶液中加入铝片

解析 铁和 $CuSO_4$ 反应生成 $FeSO_4$ 和氢气,反应前后 Fe 和 H 化合价发生了改变,是氧化还原反应,溶液颜色由蓝色($CuSO_4$)变为浅绿色($FeSO_4$);$FeCl_3$ 和 NaOH 反应生成 $Fe(OH)_3$ 和 NaCl,反应前后各元素的化合价都没有改变,所以不是氧化还原反应;Na_2CO_3 和盐酸反应生成 NaCl、CO_2 和 H_2O,反应前后各元素的化合价都没有改变,所以不是氧化还原反应;NaOH 和 Al 反应生成 $NaAlO_2$ 和 H_2,反应前后 Al 和 H 的化合价发生了改变,是氧化还原反应,但反应前后溶液均为无色,没有改变。所以选项 A 正确。

答案 A

达标训练

一、选择题

1. 下列叙述错误的是( )

A. 钠燃烧时发出黄色的火焰　　B. 钠在空气中燃烧生成氧化钠

C. 在自然界中,钠只能以化合态存在　　D. 钠具有强还原性

2. 检验 Fe^{3+} 的特效试剂是( )

A. KSCN　　B. $AgNO_3$　　C. KCN　　D. NH_3

3. 下列关于过氧化钠的说法错误的是( )

A. 能与水反应生成碱和氧气　　B. 是白色固体

C. 能与 CO_2 反应生成盐和氧气　　D. 是钠在充足空气中燃烧的产物

4. 下列物质既能与酸反应又能与碱反应的是( )

A. $Fe(OH)_3$　　B. $Fe(OH)_2$　　C. $Al(OH)_3$　　D. NaOH

5. 下列关于铁的性质不正确的是( )

A. $Fe+Cl_2 \xlongequal{点燃} FeCl_2$

B. $2Fe+2HCl \xlongequal{} FeCl_2+H_2\uparrow$

C. KSCN 溶液可用于 Fe^{3+} 的检验

D. 金属铁遇冷的浓硫酸会发生钝化,因此可用铁容器盛放、运输浓硫酸

6. 下列物质中,易溶于水的是( )

A. Na_2CO_3　　B. $Al(OH)_3$　　C. $Fe(OH)_3$　　D. $CaCO_3$

7. 下列关于 Na_2CO_3 和 $NaHCO_3$ 的叙述,不正确的是(　　)

A. 都易溶于水　　B. 可以相互转化　　C. 都易分解　　D. 水溶液均呈碱性

8. 能大量贮存和运输浓硫酸和浓硝酸的容器是(　　)

A. 铜制容器　　B. 铁制容器　　C. 玻璃容器　　D. 陶瓷容器

9. 下列关于 $Al(OH)_3$ 叙述错误的是(　　)

A. $Al(OH)_3$ 是两性氢氧化物

B. $Al(OH)_3$ 是一种不溶于水的白色沉淀

C. $Al(OH)_3$ 能溶于 NaOH 溶液、氨水、盐酸

D. $Al(OH)_3$ 在医药上可用作抗酸药物

二、填空题

1. 由于钠很容易与空气中的________和________等物质反应,实验室通常将少量钠保存在________或________中。

2. 金属钠放置在空气中会失去金属光泽,是因为____________________(用化学方程式表示)。

3. 请将下列物质:Fe_3O_4、$Fe(OH)_2$、$FeCl_3$、$Fe(OH)_3$、Fe_2O_3,填写到对应的性质后面。

(1) 遇 KSCN 溶液变色:________　　(2) 白色胶状沉淀:________

(3) 红棕色沉淀:________　　(4) 具有磁性的黑色晶体:________

(5) 涂料中的红色颜料:________

三、综合题

1. 因氢氧化钠吸湿性很强,所以可以用于 Cl_2、CO_2 的干燥,请问这种说法是否正确?为什么?

2. 在 $AlCl_3$ 的稀溶液中,逐滴加入 NaOH 溶液,有何现象?继续滴加 NaOH 溶液至过量,有何现象?请用反应方程式说明原因。

3. $FeSO_4$ 溶液中滴入 NaOH 溶液,有何现象?在空气中放置一段时间后,有何现象?请用反应方程式解释原因。

第三章 溶液、胶体及渗透压

知识领航

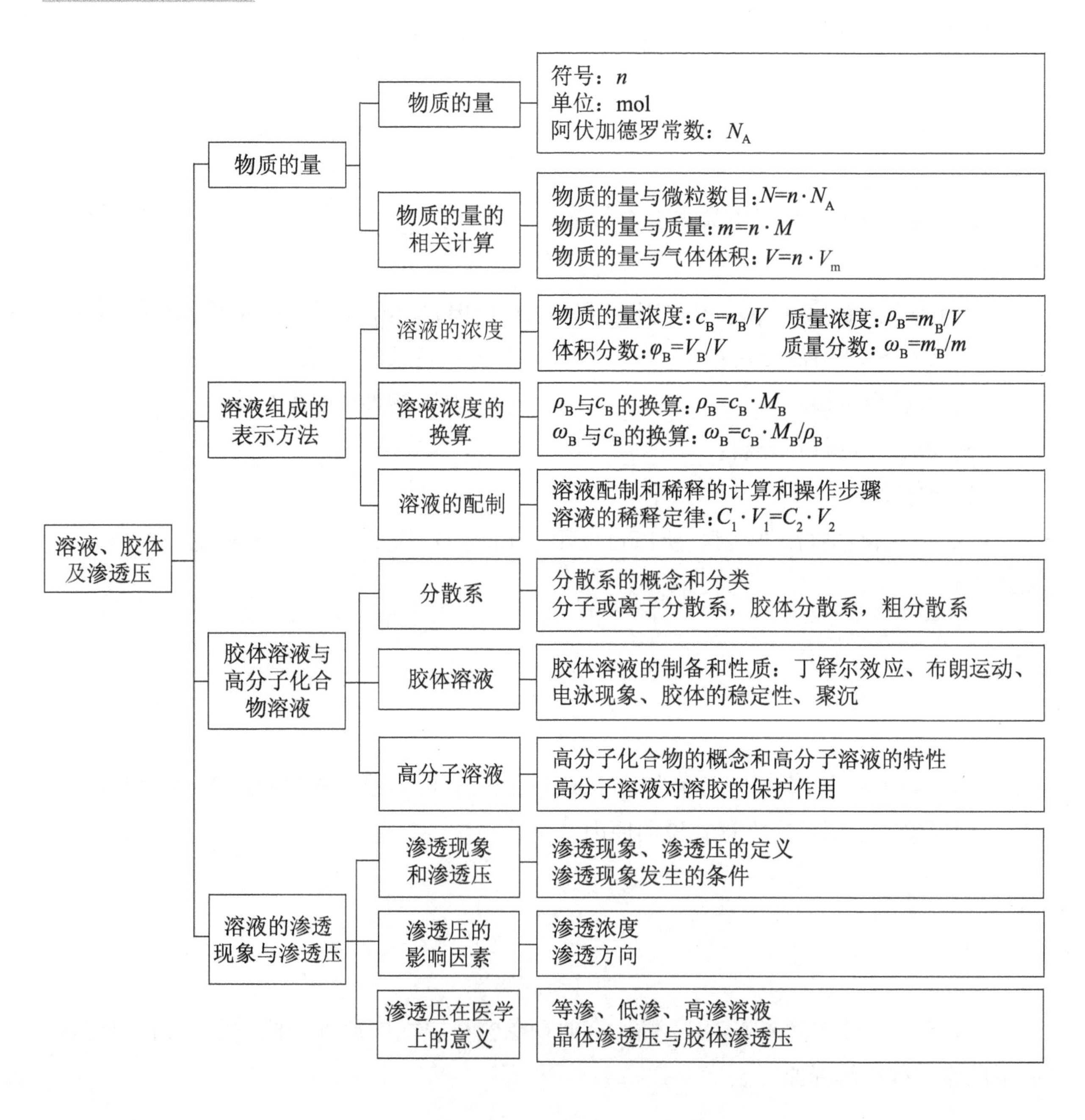

第一节　物质的量

学习目标

1. 掌握物质的量的概念及单位。

2. 熟练进行物质的量与质量、物质的量与微粒个数、物质的量和气体体积间的相关计算。

3. 学会从微观角度对物质及化学反应进行定量研究的方法，养成严谨、求实的科学态度。

重点难点

一、物质的量

物质的量是一个物理量，表示含有一定数目粒子的集合体，符号为 n。物质的量的单位是“摩尔”，符号为 mol。

1 mol 物质中包含的基本单元数为 6.02×10^{23} 个，该数值称为阿伏加德罗常数，用 N_A 表示，$N_A = 6.02\times10^{23}$/mol。

物质的量(n)、阿伏加德罗常数(N_A)及微粒数目(N)三者对应关系为

$$N=n\cdot N_A \quad 或 \quad n=\frac{N}{N_A}$$

微粒数目和物质的量成正比，通常可直接用物质的量表示微粒的数目。

二、摩尔质量

1 mol 物质所具有的质量叫作该物质的摩尔质量，用 M 表示，基本单位为 kg/mol，当摩尔质量以 g/mol 为单位时，其数值等于该微粒的原子量、分子量或化学式量。物质的质量、物质的量和摩尔质量三者换算关系为

$$M_B=\frac{m_B}{n_B} \quad 或 \quad n_B=\frac{m_B}{M_B} \quad 或 \quad m_B=n_B\cdot M_B$$

三、气体摩尔体积

1 mol 气体所占的体积称为气体摩尔体积，其符号是 V_m，常用单位 L/mol。标准状况下(温度为 0 ℃，压强为 101.325 kPa)，气体摩尔体积约为 22.4 L/mol，即 1 mol 任何气体的体积约为 22.4 L。气体体积与物质的量的关系为

$$n_B=\frac{V}{V_m}$$

大量研究表明，同温、同压下，相同体积的任何气体含有相同的分子数目，该定律称为

阿伏加德罗定律。即同温、同压下,相同物质的量的任何气体所占体积相同。

例题引领

例1 下列叙述错误的是(　　)

A. 1 mol 任何物质都含有约 6.02×10^{23} 个原子

B. 0.012 kg ^{12}C 含有约 6.02×10^{23} 个 ^{12}C 原子

C. 在使用摩尔表示物质的量的单位时,应用化学式指明粒子的种类

D. 物质的量是国际单位制中七个基本物理量之一

解析 在使用物质的量的概念时,应指明基本单元,可以是原子、分子、离子、电子或其他微观粒子,也可以是这些粒子的特定组合。所以不能笼统说 1 mol 任何物质都含有约 6.02×10^{23} 个原子,A 错误。

答案 A

例2 偏二甲肼($C_2H_8N_2$)燃烧产生巨大能量,是我国航天运载火箭的常用燃料。下列叙述中正确的是(　　)

A. 偏二甲肼的摩尔质量为 60 g

B. 6.02×10^{23} 个偏二甲肼分子的质量为 60 g

C. 1 mol 偏二甲肼的质量为 60 g/mol

D. 6 g 偏二甲肼含有 N_A 个偏二甲肼分子

解析 A 项中,摩尔质量的单位为 g/mol,所以 A 错误;B 项中,6.02×10^{23} 个偏二甲肼分子即 1 mol 偏二甲肼,其质量 = 1 mol×60 g/mol = 60 g,所以 B 正确;C 项中,质量的单位为 g,所以 C 错误;D 项中,6 g 偏二甲肼的物质的量为 0.1 mol,其对应的偏二甲肼分子个数为 $0.1\ mol\times6.02\times10^{23}/mol=6.02\times10^{22}$,所以 D 错误。

答案 B

例3 下列叙述正确的是(　　)

A. 1 mol 任何气体的体积都为 22.4 L

B. 1 mol 任何物质在标准状况下所占的体积都为 22.4 L

C. 标准状况下,1 mol 水所占的体积是 22.4 L

D. 标准状况下,22.4 L 任何气体的物质的量都约等于 1 mol

解析 A 项没有指明该气体所处的状况(即温度、压强),不同温度和压强条件下气体的摩尔体积不同,所以 A 错误;B 项没有指明该物质为气体状态,所以 B 错误;C 项中,水在标准状况下不是气体,所以 C 错误;D 项是对气体摩尔体积概念的应用,所以 D 正确。

答案 D

达标训练

一、选择题

1. 下列对物质的量的有关说法中不正确的是(　　)

A. 摩尔是一个物理量的单位

B. 0.5 mol 氮气中约含有 6.02×10^{23} 个氮原子

C. 物质的量是连接宏观量和微观量的桥梁

D. 氧气的摩尔质量等于其分子量

2. 下列关于物质的量的表示正确的是(　　)

A. 1 mol 氧　　B. 1 mol 原子　　C. 1 mol 盐酸　　D. 1 mol NaCl

3. 14.2 g 某气体样品,在标准状况下的体积为 4.48 L,则该气体的摩尔质量为(　　)

A. 14.2 g/mol　　B. 28.4 g/mol　　C. 56.8 g/mol　　D. 71 g/mol

4. 下列说法错误的是(　　)

A. 0.012 kg ^{12}C 含有的 ^{12}C 原子数是 6.02×10^{23} 个

B. 0.5 mol H_2O 中含有的原子数为 6.02×10^{23} 个

C. 1 mol O_2 中含有的分子数为 6.02×10^{23} 个

D. 含有 6.02×10^{23} 个氧原子的 H_2SO_4 的物质的量是 0.25 mol

5. 下列关于物质的量及粒子数目的叙述,正确的是(　　)

A. 1 mol 任何物质都含有 6.02×10^{23} 个分子

B. 0.5 mol 氮气和一氧化碳的混合气体所含原子总数约为 6.02×10^{23}

C. 1 mol 一氧化碳中含有 1 mol 碳原子和 2 mol 氧原子

D. 1 mol H 含有 6.02×10^{24} 个质子

6. 下列说法中正确的是(　　)

A. 物质的量可以理解为物质的质量

B. 物质的量就是物质的粒子数目

C. 物质的量的单位——摩尔只适用于分子

D. 1 mol 任何物质微粒的数目约为 6.02×10^{23} 个

7. 如果 2 g 甲烷含有 x 个分子,那么 22 g CO_2 中所含分子数是(　　)

A. x　　B. $4x$　　C. $0.5x$　　D. $3x$

8. 相同温度和压强条件下,相同质量的下列气体的体积最大的是(　　)

A. O_2　　B. CO_2　　C. N_2　　D. CH_4

9. 科学研究发现,氢在一定条件下可以形成一种三原子氢分子 H_3, 该分子不稳定,在百万分之一秒内分解。关于 1 mol H_3 和 1 mol H_2,以下说法正确的是(　　)

A. 分子数相同　　B. 原子数相同　　C. 质子数相同　　D. 电子数相同

10. 关于相等物质的量的 CO 和 CO_2，下列描述正确的是(　　)

① 所含的分子数目之比为 1∶1　　② 所含的氧原子数目之比为 1∶1

③ 所含的原子总数目之比为 2∶3　　④ 所含的碳原子数目之比为 1∶1

A. ①②　　B. ②③　　C. ①②④　　D. ①③④

二、填空题

1. 0.2 mol H_2O 中含有________个水分子，________ mol 的 H 原子，________个 H 原子。

2. 标准状况下，含有 1 mol H_2 和 0.5 mol O_2 的混合气体的体积约为________。

3. 1 mol 硫酸钠溶于水，水中存在的溶质粒子包括________和________，两种粒子的物质的量之和为________。

4. 4.5 g 水与________g 硫酸所含的分子数相等，它们所含有的氧原子数之比是________，所含有的氢原子数之比是________。

5. 相同质量的 CO 和 CO_2，所含的原子个数之比是________。

三、计算题

1. 计算下列物质的物质的量或质量。

(1) 10.6 g Na_2CO_3 的物质的量

(2) 0.5 mol H_2SO_4 的质量

(3) 标准状况下，4.48 L SO_2 的物质的量和质量

2. 计算 0.5 mol $CuSO_4 \cdot 5H_2O$ 的质量，其中含 $CuSO_4$ 的物质的量和质量分别为多少？

3. 40 g $CaCO_3$ 和足量盐酸反应生成多少体积的二氧化碳气体(标准状况下)？参加反应的 HCl 的物质的量是多少？

第二节　溶液组成的表示方法

学习目标

1. 掌握溶液浓度的表示方法及相关计算。
2. 熟练掌握一定体积溶液的配制方法和相关仪器的操作规范。
3. 初步形成严谨求实的科学态度。

重点难点

一、溶液的浓度

为了定量表示溶液的组成,一般使用一定量的溶液或溶剂中所含溶质的量进行表示,通常称为溶液的浓度。其定义式为

$$溶液的浓度=\frac{溶质的量}{溶液(或溶剂)的量}$$

不同行业或不同的定量要求,通常采用不同的浓度表示方法。溶液浓度的表示方法有多种,医药领域常用的浓度有物质的量浓度、质量浓度、质量分数和体积分数等,具体见表3-1。

表3-1　不同浓度的表示方法及单位

浓度	符号	定义	计算公式	常用单位
物质的量浓度	c_B 或 $c(B)$	溶质B的物质的量与溶液的体积之比	$c_B=\frac{n_B}{V}$	mol/L
质量浓度	ρ_B 或 $\rho(B)$	溶质B的质量与溶液的体积之比	$\rho_B=\frac{m_B}{V}$	g/L
质量分数	ω_B 或 $\omega(B)$	溶质B的质量与溶液的质量之比	$\omega_B=\frac{m_B}{m}$	—
体积分数	φ_B 或 $\varphi(B)$	溶质B的体积与溶液的总体积之比	$\varphi_B=\frac{V_B}{V}$	—

注:“—”为无量纲或单位为1。

二、溶液浓度的换算

1. 物质的量浓度(c_B)与质量浓度(ρ_B)的换算

$$\rho_B=c_B\cdot M_B \quad 或 \quad c_B=\frac{\rho_B}{M_B}$$

2. 物质的量浓度(c_B)与质量分数(ω_B)的换算

$$\omega_B=\frac{c_B\cdot M_B}{\rho_B} \quad 或 \quad c_B=\frac{\omega_B\cdot \rho_B}{M_B}$$

三、溶液的配制

1. 用固体溶质配制溶液

用固体溶质配制溶液的步骤:① 计算;② 称量;③ 溶解;④ 转移并洗涤;⑤ 定容;⑥ 保存。

主要仪器:托盘天平、洗瓶、烧杯、玻璃棒、容量瓶、量筒、滴管等。

2. 溶液的稀释

在溶液稀释过程中,溶质的量保持不变。即稀释前溶质的量=稀释后溶质的量。

若将浓溶液称为溶液 1,稀释后的稀溶液称为溶液 2,稀释前后溶液 1 和溶液 2 存在以下对应关系:

$$C_1 \cdot V_1 = C_2 \cdot V_2$$

其中 C 可以为 c_B、ρ_B 或 φ_B。

例题引领

例 1 下列溶液中 Cl^-的物质的量浓度最大的是(   )

A. 100 mL 2.5 mol/L NaCl 溶液

B. 200 mL 2 mol/L $MgCl_2$ 溶液

C. 300 mL 4 mol/L $KClO_3$ 溶液

D. 250 mL 1 mol/L $AlCl_3$ 溶液

解析 100 mL 2.5 mol/L NaCl 溶液中 $c(Cl^-)$ = 2.5 mol/L×1 = 2.5 mol/L;200 mL 2 mol/L $MgCl_2$ 溶液中 $c(Cl^-)$ = 2 mol/L×2 = 4 mol/L;300 mL 4 mol/L $KClO_3$ 溶液中不含有氯离子;250 mL 1 mol/L $AlCl_3$ 溶液中 $c(Cl^-)$ = 1 mol/L×3 = 3 mol/L;氯离子浓度最大的是 4 mol/L,答案选 B。

答案 B

例 2 下列关于配制 0.1 mol/L 硝酸钾溶液的说法中错误的是(   )

A. 将 0.05 mol 硝酸钾溶于水配成 500 mL 溶液

B. 将 0.01 mol 硝酸钾溶于 100 mL 水

C. 将 100 mL 0.2 mol/L 硝酸钾溶液稀释至 200 mL

D. 将 0.1 mol 硝酸钾溶于水配成 1 L 溶液

解析 A 选项中 $c(KNO_3)=\frac{0.05\ \text{mol}}{0.5\ \text{L}}=0.1\ \text{mol/L}$,A 选项正确;B 选项中 100 mL 为溶剂的体积,所以不能作为溶液的体积进行计算,B 选项错误;C 选项中溶液的体积扩大两倍,溶质的物质的量浓度减小到原来的 1/2,为 0.1 mol/L,C 选项正确;D 选项和 A 相同,D 选项正确。所以答案选择 B。

答案 B

例3 下列有关溶液配制的叙述正确的是(　　)

A. 配制0.4 mol/L的NaOH溶液,称取4.0 g固体NaOH于烧杯中,加入少量蒸馏水溶解,立即转移至250 mL容量瓶中定容

B. 用已准确称量的$KBrO_3$固体配制一定体积的0.1 mol/L $KBrO_3$溶液时,用到的玻璃仪器有烧杯、玻璃棒、容量瓶和胶头滴管

C. 量取27.2 mL 18.4 mol/L浓硫酸于烧杯中,加水稀释,冷却后转移至500 mL容量瓶中即可得1 mol/L的H_2SO_4溶液

D. 称取0.158 g $KMnO_4$固体,放入100 mL容量瓶中,加水溶解并稀释至刻度,即可得到0.01 mol/L的$KMnO_4$溶液

解析 A选项中$n(NaOH)=\frac{m_B}{M_B}=\frac{4.0\ g}{40\ g/mol}=0.1\ mol$,NaOH在溶解时会放出大量热,因此需要冷却至室温后再转移到250 mL容量瓶中,并且洗涤烧杯和玻璃棒2~3次,将洗涤液也转移到容量瓶中,以减小误差,A错误;用已准确称量的$KBrO_3$固体配制一定体积的0.1 mol/L $KBrO_3$溶液时,溶解时用到烧杯、玻璃棒,转移到容量瓶中,再用胶头滴管定容,B正确;浓硫酸稀释时需要将浓硫酸沿烧杯内壁缓慢倒入蒸馏水中,并用玻璃棒不断搅拌,C错误;容量瓶不能作为溶解容器,应在烧杯中进行溶解,D错误。

答案 B

达标训练

一、选择题

1. 物质的量浓度的单位是(　　)

A. L/mol　　B. mol/L　　C. g/mol　　D. g/mL

2. 人体血液中平均每100 mL中含19 mg K^+,则血液中K^+的浓度是(　　)

A. 0.49 mol/L　　B. 4.9×10^{-3}mol/L

C. 4.9×10^{-4}mol/L　　D. 4.9×10^{-2} mol/L

3. 1 mol/L $FeCl_3$和1 mol/L KCl溶液中,Cl^-物质的量浓度之比是(　　)

A. 1∶1　　B. 3∶1　　C. 2∶1　　D. 1∶3

4. 现将100 mL 0.1 mol/L的$BaCl_2$溶液与50 mL 0.2 mol/L的NaCl溶液混合,若不考虑溶液混合时体积的变化,则混合溶液中氯离子浓度是(　　)

A. 0.2 mol/L　　B. 0.01 mol/L　　C. 0.1 mol/L　　D. 0.02 mol/L

5. 关于配制980 mL 0.1 mol/L $CuSO_4$溶液的实验,下列说法正确的是(　　)

A. 需要称取$CuSO_4\cdot5H_2O$固体的质量为16.0 g

B. 一定要用到的玻璃仪器有1 000 mL容量瓶(或量筒)、烧杯、玻璃棒、漏斗、胶头滴管

C. 为加快 $CuSO_4 \cdot 5H_2O$ 固体的溶解,可适当加热,然后可以趁热将溶液转移到容量瓶中

D. 倒转摇匀后发现液面低于刻度线,不需要补加蒸馏水。否则会使所得溶液的浓度偏低

6. 将体积为 V、质量浓度为 22.2 g/L 的 $CaCl_2$ 溶液加水稀释到 $2V$,所得溶液的物质的量浓度为(　　)

A. 0.1 mol/L　　B. 0.5 mol/L　　C. 2 mol/L　　D. 1.5 mol/L

7. 已知生理盐水为 9 g/L 的 NaCl 溶液,该溶液的物质的量浓度为(　　)

A. 0.154 mol/L　　B. 0.308 mol/L

C. 0.125 mol/L　　D. 0.180 mol/L

8. 质量分数为 36.5%、密度为 1.19 g/mL 的浓盐酸的物质的量浓度为(　　)

A. 1.19 mol/L　　B. 3.65 mol/L　　C. 11.9 mol/L　　D. 1 mol/L

9. 配制质量分数为 10%的氯化钠溶液过程中,不会用到的实验仪器是(　　)

A. 酒精灯　　B. 量筒　　C. 托盘天平　　D. 烧杯

10. 实验室中需要配制 1 mol/L 的 NaCl 溶液 500 mL,需要用托盘天平称取的 NaCl 质量为(　　)

A. 29.25 g　　B. 29.3 g　　C. 26.325 g　　D. 26.3 g

二、填空题

1. 欲配制 1 mol/L $MgSO_4$ 溶液 500 mL,需要 $MgSO_4$ 固体的质量为________ g。

2. 欲用质量分数为 98%的浓硫酸($\rho = 1.84\ g/cm^3$)配制浓度为 0.5 mol/L 的稀硫酸 500 mL,需量取浓硫酸的体积为________ mL。

3. 使用胆矾($CuSO_4 \cdot 5H_2O$)配制 1 L 0.1 mol/L 的硫酸铜溶液,需要胆矾的质量为________g。

4. 将 30 mL 0.5 mol/L 的 NaOH 溶液加水稀释到 500 mL,所得溶液的物质的量浓度为________。

5. 若配制体积分数为 0.75 的消毒酒精 500 mL,需要体积分数为 0.95 的酒精________ mL,配制步骤为____。

三、综合题

1. 实验室用固体烧碱和浓硫酸配制 0.4 mol/L 的 NaOH 溶液 480 mL 和 0.5 mol/L 的硫酸溶液 500 mL。请回答:

(1) 需要 NaOH 固体质量________g。

(2) 有以下仪器:① 烧杯;② 药匙;③ 250 mL 容量瓶;④ 500 mL 容量瓶;⑤ 玻璃棒;⑥ 托盘天平;⑦ 量筒。配制以上两种溶液必须使用的仪器有____________(填序号),还缺少的仪器是________。

(3) 根据计算得知,需要用量筒量取质量分数为98%、密度为1.84 g/cm^3 的浓硫酸的体积为________ mL,如果实验室有15 mL、20 mL、50 mL量筒,应选用________ mL量筒。

(4) 配制过程中,下列操作会使溶液浓度偏高的是________(填序号)

① 转移溶液后,未洗涤烧杯、玻璃棒

② 称量NaOH的时间太长

③ 量取浓硫酸时,仰视量筒刻度线

④ 容量瓶不干燥,含有少量蒸馏水

⑤ NaOH溶液未冷却至室温就转移到容量瓶

⑥ 定容时俯视刻度

2. 血液检查是临床最常用的辅助诊断方法,下表为某患者的血液检查报告,请根据表中的信息回答下列问题。

序号	项目名称	英文名称	检查结果	单位	参考数值
1	钾离子	K^+	4.2	mmol/L	3.5~5.5
2	钠离子	Na^+	138	mmol/L	135~145
3	葡萄糖	Glu	5.3	mmol/L	3.9~6.1

(1) 上表中表示葡萄糖浓度的物理量是________。

A. 质量分数　　B. 溶解度　　C. 摩尔质量　　D. 物质的量浓度

(2) 如果某人的血糖(血液中的葡萄糖)检测结果为60 mg/dL(1 L=10 dL),该患者的血糖________(填"偏高"、"正常"或"偏低")【葡萄糖分子式:$C_6H_{12}O_6$】

(3) 一袋250 mL规格的医用葡萄糖注射液含葡萄糖25 g,在实验室配制一份这样的葡萄糖溶液,需要用到的玻璃仪器有:烧杯、玻璃棒、________、________、细口瓶。

3. 钾离子对心脏功能十分重要,低钾血症易引起心律失常,甚至发生房颤与室颤;高钾血症易引起心律失常、心力衰竭,甚至猝死。临床补钾时,KCl浓度一般不超过3 g/L。问:在500 mL氯化钠注射液中加入100 g/L KCl注射液10 mL,KCl的浓度是否超过极限?在250 mL氯化钠注射液中加入10 mL上述KCl注射液,KCl浓度是否超过极限?

第三节　胶体溶液与高分子化合物溶液

学习目标

1. 知道分散系的分类方法和三类分散系的特征；知道高分子化合物及其溶液和概念。
2. 掌握胶体分散系的性质，能对胶体分散系进行鉴别。
3. 学会从微观的角度理解胶体分散系的性质，发展宏观辨识与微观探析的核心素养。

重点难点

一、分散系

1. 分散系的概念及组成

将一种或几种物质分散在另一种物质中所形成的混合物体系，称为分散系。其中被分散的物质称为分散质或分散相；容纳分散质的物质称为分散剂或分散介质。

2. 分散系的分类及特点

分散系分为分子或离子分散系、胶体分散系和粗分散系。三者的本质区别是分散质粒子直径的大小不同。胶体分散系的特点见表3-2。

表3-2　胶体分散系的特点

分散系		粒子直径	分散质粒子	主要特征	实例
胶体分散系	溶胶	1~100 nm	胶粒（分子、原子、离子聚集体）	均一、相对稳定、不易聚沉，能透过滤纸，不能透过半透膜	氢氧化铁溶胶
	高分子溶液		单个高分子	均一、透明、稳定、不聚沉，能透过滤纸，不能透过半透膜	蛋白质溶液

二、胶体溶液

1. 胶体溶液的制备

胶体溶液的制备方法有两种：分散法和凝聚法。

2. 胶体溶液的性质

胶体分散系的分散质粒子是许多分子、原子或离子的聚集体，其分散质粒子的直径介于溶液和浊液之间，在光学、动力学和电学方面具有一些特殊的性质，具体见表3-3。

表3-3　胶体分散系的性质

性质	内容	主要应用举例
丁铎尔效应	当一束光通过胶体时，形成一条光亮的“通路”，这是胶体粒子对光线散射造成的。	鉴别胶体与溶液

续表

性质	内容	主要应用举例
稳定性	胶体的稳定性介于溶液与浊液之间,在一定条件下能稳定存在,但改变条件就可能发生聚沉	墨水、洗涤剂等
电泳	胶体粒子在外加电场作用下做定向移动	静电除尘、电泳电镀等
聚沉	加热、加入电解质或加入与胶体粒子带相反电荷的胶体等均能使胶体粒子聚集成为较大的颗粒,形成沉淀析出	明矾净水等
渗析	胶体粒子直径较大不能通过半透膜,而离子、小分子直径较小可通过半透膜	胶体的提纯、血液透析等

三、高分子化合物溶液

分子量在一万以上的大分子化合物称为高分子化合物。可溶性高分子化合物溶解在适当的溶剂中所形成的溶液称为高分子化合物溶液。高分子化合物的粒子直径介于1~100 nm之间,因此高分子化合物溶液具有胶体的性质,但和一般的胶体分散系存在以下区别。

(1) 高分子化合物溶液的特性:稳定性高,高分子化合物溶液的稳定性与真溶液相似;黏度大,高分子化合物溶液的黏度比一般的溶液或溶胶大得多。

(2) 高分子化合物溶液对溶胶的保护作用:在溶胶中加入适量的高分子化合物溶液,可使溶胶的稳定性显著增强。

高分子化合物溶液或溶胶在适当条件下形成的弹性半固体称为凝胶。溶胶形成凝胶的过程称为胶凝作用。凝胶放置一段时间后,一部分液体可以自动而缓慢地从凝胶中分离出来,成为两相,这种现象称为离浆。

例题引领

例1 下列关于分散系的叙述正确的是(　　)

A. 分散系的分类: 溶液 10^{-9} 胶体 10^{-7} 浊液 → 分散质粒子直径/m

B. 可利用过滤的方法分离胶体和溶液

C. 溶液是纯净物,胶体是混合物

D. 溶液是电中性的,胶体是带电的

解析 根据分散质微粒直径的大小,可以将分散系分为三类:溶液、胶体、浊液,A 正确;溶液中溶质粒子能通过滤纸,胶体中分散质粒子也能通过滤纸,因此不能用过滤的方法分离胶体和溶液,B 错误;胶体和溶液均属分散系,都是混合物,C 错误;胶体是电中性的,胶粒因吸附或解离而带一定电荷,D 错误。

答案 A

例 2 下列说法不正确的是(　　)

A. 胶体不均一、不稳定,静置后容易产生沉淀;溶液均一、稳定,静置后不产生沉淀

B. 一种透明液体中加入电解质溶液,若有沉淀生成,则该液体不一定是胶体

C. 当有光束通过时,胶体产生丁铎尔效应,溶液则不能产生丁铎尔效应

D. 放电影时,放映室射到银幕上的光柱是由于胶粒对光的散射形成的

解析 胶体属于介稳体系,一定条件下能稳定存在,静置后不易产生沉淀,A 错误。某些电解质溶液中加入另一种电解质溶液时,有可能因发生化学反应而生成沉淀,B 正确。只有胶体才能产生丁铎尔效应,C、D 项正确。

答案 A

例 3 胶体区别于其他分散系的本质特征是(　　)

A. 胶体微粒能透过滤纸　　B. 能观察到丁铎尔效应

C. 外观均匀、透明　　D. 分散质粒子的直径在 1~100 nm 之间

解析 胶体分散质粒子的直径在 1~100 nm 之间,这是胶体区别于其他分散系的本质特征,所以答案选 D。

答案 D

达标训练

一、选择题

1. 阳光透过森林,形成缕缕光束的美景是大自然中的丁铎尔效应,下列分散系中不会产生丁铎尔效应的是(　　)

A. $Fe(OH)_3$ 胶体　　B. 云雾　　C. $CuSO_4$ 溶液　　D. 碘化银溶液

2. 向沸水中滴加几滴 $FeCl_3$ 饱和溶液,继续煮沸至液体呈红褐色,停止加热,用激光笔照射烧杯中的液体,在与光束垂直的方向观察到一条光亮的“通路”。该红褐色液体属于(　　)

A. 溶液　　B. 胶体　　C. 悬浊液　　D. 乳浊液

3. 下列有关分散系的说法正确的是(　　)

A. 一种分散系中可以有一种分散质,也可以有多种分散质

B. 浊液的分散质都能通过过滤从分散剂中分离出来

C. 分散剂一定是液体

D. 同一种溶质的饱和溶液要比不饱和溶液的浓度大

4. 下列事实中,可以用胶体性质解释的是(　　)

A. 利用醋酸除水垢

B. 可以用过滤的方法除去粗盐水中的难溶杂质

C. 向 $CuSO_4$ 溶液中滴加 NaOH 溶液产生蓝色沉淀

D. 黑暗的电影院中,放映口发出的光会在影院中形成光柱

5. 下列物质不属于分散系的是(　　)

A. 水　　B. 碘酒　　C. 空气　　D. 有色玻璃

6. 我国科学家在世界上第一次为一种名为"钴酞菁"的分子(直径为 1.3 nm)恢复了磁性,其结构和性质与人体内的血红素及植物内的叶绿素非常相似。下列关于"钴酞菁"分子的说法正确的是(　　)

A. "钴酞菁"分子在水中所形成的分散系属于悬浊液

B. "钴酞菁"分子既能透过滤纸,也能透过半透膜

C. "钴酞菁"分子在水中形成的分散系能发生丁铎尔现象

D. 在分散系中,"钴酞菁"分子直径比 Na^+的直径小

7. 下列对溶液、胶体和浊液的认识不正确的是(　　)

A. 三种分散系的分散质微粒直径大小顺序:浊液>胶体>溶液

B. 胶体在一定的条件下也能稳定存在

C. 溶液和胶体都是无色透明的液体,而浊液不透明

D. 胶体的分散质微粒能透过滤纸,悬浊液的分散质微粒不能透过滤纸

8. 有人设想通过特殊的方法将碳酸钙加工成纳米碳酸钙(即碳酸钙粒子直径达到纳米级),这将使建筑材料的性能发生巨大的变化。下列关于纳米碳酸钙的说法正确的是(　　)

A. 纳米碳酸钙是与胶体相似的分散系

B. 纳米碳酸钙分散到水中所得到的分散系会产生丁铎尔效应

C. 纳米碳酸钙的化学性质与原来碳酸钙的完全不同

D. 纳米碳酸钙粒子不能透过滤纸

9. 医学上对尿毒症患者的治疗最常用的净化手段是血液透析。透析时,患者的血液通过浸在透析液中的透析膜进行循环和透析。血液中的蛋白质和血细胞不能透过透析膜,血液内的毒性物质则可以透过,由此可以判断(　　)

A. 蛋白质、血细胞不溶于水,毒性物质可溶于水

B. 蛋白质以分子形式存在,毒性物质以离子形式存在

C. 蛋白质、血细胞的粒子直径大于毒性物质的粒子直径

D. 蛋白质、血细胞不能透过滤纸,毒性物质能透过滤纸

二、填空题

1. 溶胶的制备方法有________、________。

2. 粗分散系、胶体分散系和分子或离子分散系的本质区别是__________________。

3. 能维持胶体稳定性的因素有________、________、________。

4. 能使 AgI 胶体(胶粒带负电)聚沉的方法有__________、__________、__________。

三、综合题

1. 如何制备 $Fe(OH)_3$ 胶体溶液？写出制备 $Fe(OH)_3$ 胶体溶液的化学方程式。

2. 现有 $FeCl_3$ 溶液和 $Fe(OH)_3$ 胶体溶液，两种分散系颜色相近。请用化学方法鉴定两种溶液。

3. 向 $Fe(OH)_3$ 胶体溶液中分别滴加下列溶液，请写出反应现象并简述理由。

(1)滴加数滴硫酸钠溶液。

(2)先滴加数滴明胶溶液，再滴加数滴硫酸钠溶液。

第四节　溶液的渗透现象与渗透压

学习目标

1. 熟知渗透现象和渗透压的定义以及渗透现象的发生条件。

2. 知道影响渗透压的因素和渗透压大小的比较方法。

3. 掌握临床输液对渗透压的要求，提高专业素养，通过渗透平衡的概念，发展变化观念和平衡思想的核心素养。

重点难点

一、渗透现象和渗透压

1. 渗透现象和渗透压的定义

溶剂分子通过半透膜由纯溶剂进入溶液或由稀溶液进入浓溶液的现象称为渗透现

象。如果要阻止渗透现象的发生,必须在溶液一侧的液面上施加一定的压强,这种恰能阻止渗透现象继续发生的压强称为渗透压,用符号 π 表示,其单位为 Pa 或 kPa,医学上常用 kPa。

2. 渗透现象发生的条件

① 有半透膜的存在; ② 半透膜两侧溶液存在浓度差。

二、渗透压的影响因素

在一定温度下,稀溶液的渗透压与单位体积溶液中溶质粒子的数目成正比,与溶质的性质无关。因此,把溶液中能产生渗透现象的溶质粒子的总浓度称为渗透浓度,可用 c_{os} 或 $c_{渗}$表示。

对于非电解质溶液而言,渗透浓度等于溶质的物质的量浓度,即 $c_{os}=c_B$

对于电解质溶液而言,电解质稀溶液的渗透浓度等于电解质解离出的离子浓度总和,如 NaCl 溶液中,1 mol NaCl 完全解离生成 2 mol 离子,所以渗透浓度 $c_{os}=2\times c_{NaCl}$。

三、渗透压在医学上的意义

1. 等渗、低渗、高渗溶液

两种稀溶液相比,渗透压高的称为高渗溶液,渗透压低的称为低渗溶液;如果两者渗透压相等,则互称为等渗溶液。由于在一定温度下渗透压和渗透浓度成正比,因此,可以直接使用渗透浓度的高低来衡量溶液渗透压的大小。

在医学上,正常人体血浆渗透浓度为 280~320 mmol/L,把溶液的渗透浓度在血浆渗透浓度正常范围内的溶液称为等渗溶液,低于血浆渗透浓度正常范围的溶液称为低渗溶液,高于血浆渗透浓度正常范围的溶液称为高渗溶液。

给患者大量输液时,若输入大量的高渗溶液,会使血浆渗透压升高,红细胞内的水分子向外渗透,使红细胞体积缩小,发生皱缩而出现胞浆分离;若输入大量的低渗溶液,又会降低血浆渗透压,水分子通过细胞膜向红细胞内渗透,导致红细胞膨胀破裂而出现溶血。因此临床大量输液时,必须使用等渗溶液。

2. 晶体渗透压与胶体渗透压

人体血浆中,既含有大量 Na^+、K^+、Cl^-、葡萄糖等小分子或离子,又含有蛋白质、核酸等高分子胶体物质。其中,小分子或离子等晶体物质产生的渗透压称为晶体渗透压,其主要功能是维持细胞内外的电解质平衡;高分子胶体物质产生的渗透压称为胶体渗透压,其主要功能是维持血管壁内外的电解质平衡。血浆总渗透压就是这两部分渗透压的总和。

例题引领

例 1 下列溶液中,能使红细胞发生皱缩的是(   )

A. 15 g/L NaCl 溶液
B. 9 g/L NaCl 溶液
C. 50 g/L 葡萄糖溶液
D. 5 g/L 葡萄糖溶液

解析　9 g/L NaCl 溶液和 50 g/L 葡萄糖溶液是人体血浆的等渗溶液，所以在 9 g/L NaCl 溶液和 50 g/L 葡萄糖溶液中，红细胞可以保持正常。质量浓度大于 9 g/L 的 NaCl 溶液或质量浓度大于 50 g/L 的葡萄糖溶液为人体血浆的高渗溶液，红细胞在其中会发生脱水而皱缩，所以 A 正确。

答案　A

例 2　50 g/L 葡萄糖($C_6H_{12}O_6$)溶液与 0.1 mol/L Na_2SO_4 溶液相比，何者为高渗溶液？两者与人体血浆相比，何者为等渗溶液？

解析　当温度相同时，溶液的渗透压的大小与溶液的渗透浓度成正比。

葡萄糖为非电解质，所以葡萄糖溶液的渗透浓度等于其物质的量浓度，即

$$c_{os}(C_6H_{12}O_6)=1\times c(C_6H_{12}O_6)=\frac{50\ g/L}{180\ g/mol}\approx 0.278\ mol/L$$

Na_2SO_4 是强电解质，在溶液中 1 个 Na_2SO_4 完全解离为 2 个 Na^+ 和 1 个 SO_4^{2-}，即

$$c_{os}(Na_2SO_4)=3\times c(Na_2SO_4)=3\times 0.1\ mol/L=0.3\ mol/L$$

0.3 mol/L>0.278 mol/L，所以与葡萄糖溶液相比，Na_2SO_4 溶液是高渗溶液。

正常人体血浆渗透浓度为 280～320 mmol/L，在此范围或接近此范围的均为等渗溶液，因此两者均为等渗溶液。

答案　50 g/L 葡萄糖($C_6H_{12}O_6$)溶液与 0.1 mol/L Na_2SO_4 溶液相比，Na_2SO_4 溶液是高渗溶液；两者与人体血浆相比，均为等渗溶液。

达标训练

一、选择题

1. 用半透膜将 0.02 mol/L 蔗糖溶液和 0.02 mol/L NaCl 溶液隔开时，将会发生的现象是(　　)

A. 蔗糖分子从蔗糖溶液向 NaCl 溶液渗透

B. Na^+从 NaCl 溶液向蔗糖溶液渗透

C. 水分子从 NaCl 溶液向蔗糖溶液渗透

D. 水分子从蔗糖溶液向 NaCl 溶液渗透

2. 临床上，若将两种或两种以上的等渗溶液以任意体积混合，所得混合溶液是(　　)

A. 等渗溶液　　B. 高渗溶液　　C. 低渗溶液　　D. 无法判断

3. 相同温度下，下列溶液中渗透压最大的是(　　)

A. 0.01 mol/L $CaCl_2$ 溶液　　B. 0.2 mol/L 蔗糖($C_{12}H_{22}O_{11}$)溶液

C. 50 g/L 葡萄糖($C_6H_{12}O_6$)溶液　　D. 0.2 mol/L 乳酸钠($C_3H_5O_3Na$)溶液

4. 能使红细胞发生皱缩现象的溶液是(　　)

A. 1 g/L NaCl 溶液　　B. 12.5 g/L $NaHCO_3$ 溶液

C. 112 g/L $C_3H_5O_3Na$ 溶液　　D. 生理盐水和等体积的水的混合液

5. 下列各对溶液中互为等渗溶液的是(　　)

A. 9 g/L $NaHCO_3$ 和 9 g/L 葡萄糖溶液

B. 0.1 mol/L 葡萄糖溶液和 0.1 mol/L NaCl 溶液

C. 0.1 mol/L NaCl 溶液和 0.1 mol/L $CaCl_2$ 溶液

D. 0.2 mol/L 蔗糖溶液和 0.1 mol/L KCl 溶液

6. 现有质量浓度为 11.2 g/L 的乳酸钠($C_3H_5O_3Na$)溶液,其渗透浓度是(　　)

A. 40 mmol/L　　B. 50 mmol/L　　C. 100 mmol/L　　D. 200 mmol/L

7. 50 mL 0.15 mol/L $NaHCO_3$ 溶液和 100 mL 0.30 mol/L 葡萄糖溶液混合,所得溶液与血浆相比是(　　)

A. 等渗溶液　　B. 高渗溶液　　C. 低渗溶液　　D. 缓冲溶液

8. 将红细胞置于 5 g/L 的 NaCl 溶液中,在显微镜下观察到的现象是(　　)

A. 溶血现象　　B. 胞浆分离

C. 形态正常　　D. 有丝分裂(红细胞增多)

9. 一定温度下,50 g/L 葡萄糖溶液的渗透压(　　)

A. 小于 50 g/L 蔗糖溶液的渗透压

B. 大于 50 g/L 蔗糖溶液的渗透压

C. 等于 50 g/L 蔗糖溶液的渗透压

D. 与 50 g/L 蔗糖溶液渗透压相比无法判断

10. 一定温度下,下列溶液中与 0.01 mol/L Na_3PO_4 具有相同渗透压的是(　　)

A. 0.02 mol/L NaCl　　B. 渗透浓度为 10 mmol/L Na_3PO_4

C. 渗透浓度为 400 mmol/L Na_3PO_4　　D. 0.02 mol/L Na_2CO_3

二、填空题

1. 渗透现象产生的必备条件是____________和____________。溶剂分子的渗透方向为____________。

2. 将红细胞放入 5 g/L NaCl 溶液中,红细胞会发生________现象。0.2 mol/L NaCl 溶液比 0.2 mol/L 葡萄糖溶液的渗透压________,临床上规定渗透浓度为____________________的溶液为等渗溶液。

3. 渗透浓度的含义为____________________,常用单位为________。0.1 mol/L KCl 溶液的渗透浓度为____________,与血浆相比,它是________(填"高渗"、"低渗"或"等渗")溶液。

4. 生理盐水的质量浓度为____________,其物质的量浓度为____________

________，其渗透浓度为__________________。

5. 如果将红细胞放置于 25 g/L 的葡萄糖溶液中，红细胞将发生 ________ 现象。

三、综合题

1. 为什么临床大量输液时，需要使用等渗溶液？若不使用等渗溶液，会引起什么后果？

2. 计算 12.5 g/L $NaHCO_3$ 注射液的渗透浓度。该注射液是否属于等渗溶液？为什么？

第四章

化学反应速率和化学平衡

知识领航

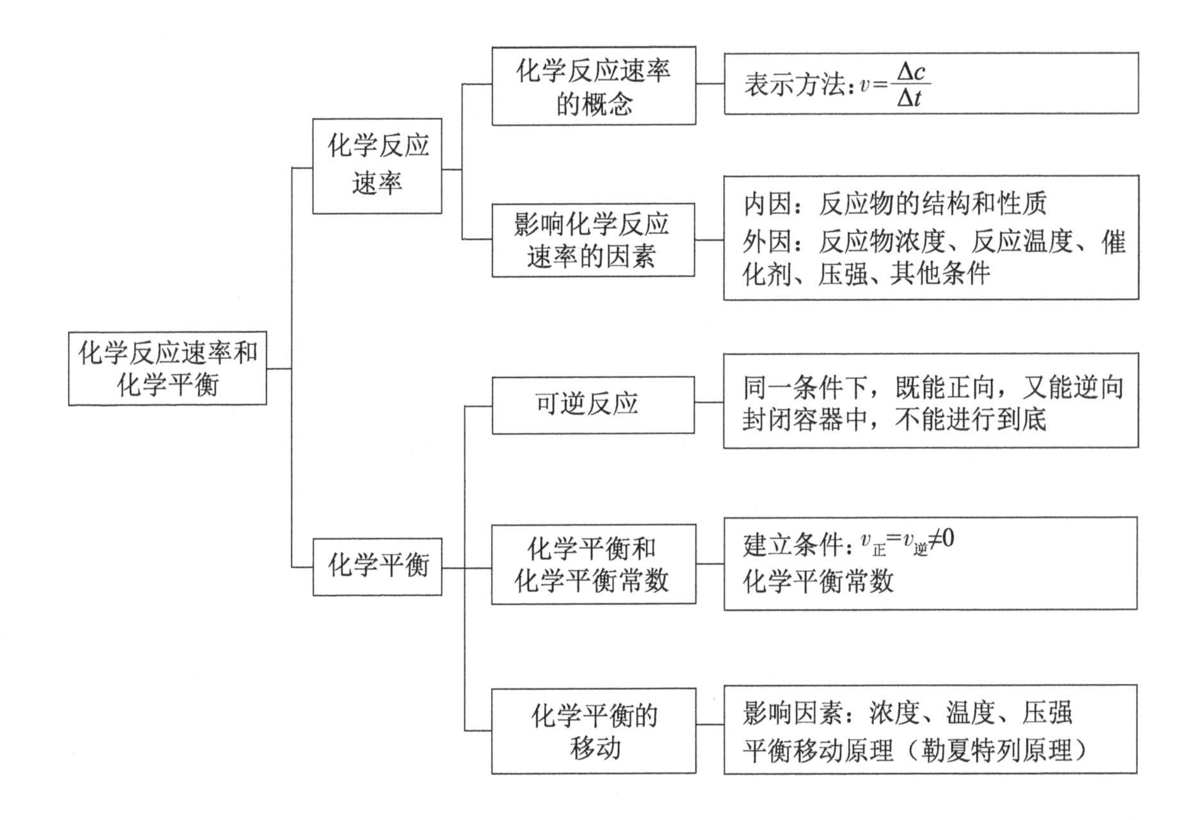

第一节　化学反应速率

学习目标

1. 认识化学反应速率的概念及表示方法。

2. 掌握化学反应速率的影响因素，理解不同影响因素的原理。

3. 学会综合运用化学反应速率的影响因素调控化学反应速率，发展科学探究能力，树立创新意识。

重点难点

一、化学反应速率的概念

化学反应速率可用单位时间内反应物浓度的减少或生成物浓度的增加来表示，定义式为 $v=\frac{\Delta c}{\Delta t}$。同一反应用不同的反应物或生成物表示速率时，数值可能不同。

二、影响化学反应速率的因素

影响化学反应速率的因素包括内因（反应物本身的结构和性质）和外因。外因主要有反应物浓度、反应温度、压强、催化剂等。

（1）反应物浓度对化学反应速率的影响：当其他条件不变时，增大反应物的浓度，反应速率加快；减小反应物的浓度，反应速率减慢。

（2）反应温度对化学反应速率的影响：当其他条件不变时，升高温度，反应速率加快；降低温度，反应速率减慢。温度对化学反应速率的影响比较显著。

（3）压强对化学反应速率的影响：对于有气体参加的反应，改变压强就是改变气体反应物的浓度。增大压强，相当于增大了气体反应物的浓度，化学反应速率加快；减小压强，相当于减小了气体反应物的浓度，化学反应速率减慢。压强对固体或液体物质间的反应速率几乎没有影响。

（4）催化剂对化学反应速率的影响：能改变其他物质的化学反应速率，而自身质量和化学性质都没有改变的物质是催化剂。在不予注明时，催化剂通常指加快化学反应速率的催化剂。

此外，反应物的接触面积、光照、超声波、强磁场等对一些化学反应的反应速率也有一定影响。

例题引领

例 1　下列关于化学反应速率的说法正确的是（　　）

A. 化学反应速率的大小可以衡量化学反应进行的快慢

B. 化学反应速率通常只能用反应物浓度的减少量表示

C. 对于任何化学反应来说,反应速率越快,反应现象越明显

D. 化学反应速率为 0.2 mol/(L·min),表示 1 min 时某物质的浓度为 0.2 mol/L

解析 化学反应速率是用来衡量化学反应进行快慢的物理量,A 正确;化学反应速率通常用反应物浓度的减少或生成物浓度的增加表示,B 错误;有些化学反应是没有明显反应现象的,C 错误;化学反应速率是某时间段内反应物或生成物的浓度变化,而不是某一个时刻反应物或生成物的浓度,D 错误。

答案 A

例 2 在一定条件下,向 1 L 密闭容器中加入 4 mol N_2 和 10 mol H_2,发生反应 $N_2+3H_2 \rightleftharpoons 2NH_3$,2 min 后,测得剩余 N_2 为 2 mol,下列有关该反应的化学反应速率的描述不正确的是(　　)

A. $v(N_2)=1$ mol/(L·min)

B. $v(H_2)=3$ mol/(L·min)

C. $v(NH_3)=2$ mol/(L·min)

D. $v(N_2)=v(H_2)=v(NH_3)=1$ mol/(L·min)

解析 $v(N_2)=\frac{4\ \text{mol/L}-2\ \text{mol/L}}{2\ \text{min}}=1$ mol/(L·min),A 正确;$v(N_2):v(H_2)=1:3$,$v(H_2)=3$ mol/(L·min),B 正确;$v(N_2):v(NH_3)=1:2$,$v(NH_3)=2$ mol/(L·min),C 正确;同一反应用不同的反应物或生成物表示速率时,速率的数值和反应体系中各反应组分的系数相关,D 错误。

答案 D

例 3 在一密闭容器中进行如下反应:$C(s)+O_2(g) = CO_2(g)$,对于该反应,下列说法错误的是(　　)

A. 将木炭粉末压缩成块状,可以加快化学反应速率

B. 升高温度可以加快化学反应速率

C. 增大压强可以加快化学反应速率

D. 用同样压强的空气代替氧气可以减慢化学反应速率

解析 反应物的接触面积减小会使反应速率减慢,A 错误;温度升高,可以加快反应速率,B 正确;对于有气体参加的反应,增大压强相当于增大反应物的浓度,化学反应速率加快,C 正确;氧气浓度减小可以减慢反应速率,D 正确。

答案 A

达标训练

一、选择题

1. 下列关于化学反应速率的说法中正确的是(　　)

A. 用不同的反应物或生成物表示反应速率时,其数值一定不相等

B. 增大压强,化学反应速率都加快

C. 根本不可能发生的反应可通过加催化剂而使反应发生

D. 化学反应速率指的是一段时间内的平均速率

2. 硫代硫酸钠($Na_2S_2O_3$)和稀 H_2SO_4 发生如下反应:$Na_2S_2O_3+H_2SO_4 = Na_2SO_4+S\downarrow+SO_2\uparrow+H_2O$,下列反应速率最大的是(　　)

A. 0.1 mol/L $Na_2S_2O_3$ 和 0.1 mol/L 稀 H_2SO_4 各 5 mL,加水 5 mL,反应温度 10 ℃

B. 0.1 mol/L $Na_2S_2O_3$ 和 0.1 mol/L 稀 H_2SO_4 各 5 mL,加水 10 mL,反应温度 10 ℃

C. 0.1 mol/L $Na_2S_2O_3$ 和 0.1 mol/L 稀 H_2SO_4 各 5 mL,加水 5 mL,反应温度 30 ℃

D. 0.1 mol/L $Na_2S_2O_3$ 和 0.1 mol/L 稀 H_2SO_4 各 5 mL,加水 10 mL,反应温度 30 ℃

3. 对于反应 $2SO_2(g)+3O_2(g) \rightleftharpoons 2SO_3(g)$,能增大反应速率的措施是(　　)

A. 通入大量 O_2　　B. 增大容器容积　　C. 移去部分 SO_3　　D. 降低体系温度

4. 在 $2A+B = 3C+4D$ 反应中,表示该反应速率最快的是(　　)

A. $v(A)=0.5$ mol/(L·min)　　B. $v(B)=0.3$ mol/(L·min)

C. $v(C)=0.8$ mol/(L·min)　　D. $v(D)=1$ mol/(L·min)

5. NO 和 CO 都是汽车尾气里的有害物质,它们能缓慢发生反应生成 CO_2 和 N_2:$2CO+2NO = 2CO_2+N_2$。为减少空气污染,加速该反应进行,下列措施最为有效的是(　　)

A. 增大 CO、NO 浓度　　B. 减小 CO、NO 浓度

C. 选择合适的催化剂,CO_2 吸收剂　　D. 提高温度

6. 在氢气和碘蒸气反应生成碘化氢的反应中,碘化氢的生成速率与碘的减少速率之比是(　　)

A. 1∶1　　B. 1∶2　　C. 2∶1　　D. 4∶1

7. 气体反应 $A = 2B$ 中,A、B 的浓度变化如右图所示,则 2 min 以内的平均反应的速率为(　　)

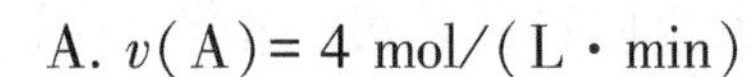

A. $v(A)=4$ mol/(L·min)

B. $v(A)=2$ mol/(L·min)

C. $v(B)=8$ mol/(L·min)

D. $v(B)=2$ mol/(L·min)

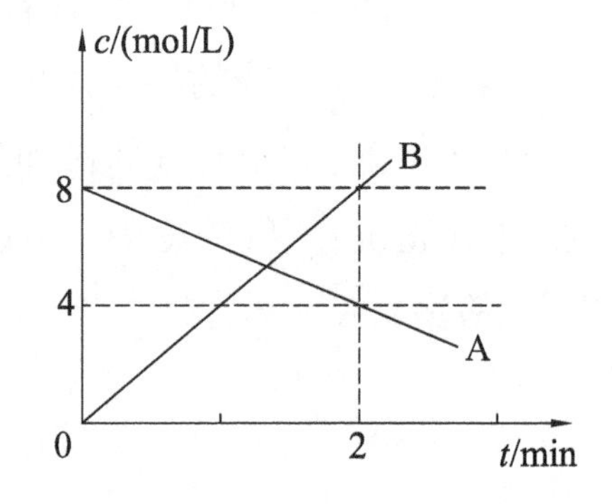

8. 能使任何化学反应速率加快的因素是(　　)

A. 加大压强　　B. 加大反应物质量

C. 升高反应体系温度　　D. 移去生成物

9. 一些药物放在冰箱中贮存以防变质,其作用主要是(　　)

A. 避免与空气接触　　B. 保持干燥

C. 避免光照　　D. 降温减小反应速率

10. 用铁片与 1 mol/L 硫酸反应制取氢气时,以下措施不能使氢气生成速率增大的是(　　)

A. 加热　　B. 改用浓硫酸

C. 改用 2 mol/L 硫酸溶液　　D. 改用铁粉

二、判断题

1. 压强对固体和液体物质的反应速率几乎没有影响。(　　)

2. 反应物的组成、结构和性质是影响化学反应速率的决定因素。(　　)

3. 化学反应速率大小只决定于以下因素:浓度、温度和催化剂。(　　)

4. 有多种物质参加的化学反应,反应速率可选用任一物质的浓度变化来表示。(　　)

5. 催化剂能够改变化学速率,但不参加化学反应。(　　)

三、填空题

1. 化学反应速率是用来衡量____________________的物理量,以 A 物质的溶液浓度变化表示的反应速率的表示式为____________________。如果浓度单位用 mol/L,时间单位用 s,化学反应速率的单位为____________________。

2. 影响化学反应速率的决定因素是____________________,即内因;其次是外因,如________、________、________和________等。

3. 对于一般反应来说,其他条件不变时,反应温度每升高 10 ℃,v 增加到原来的________倍。

4. 化学反应速率表示的是反应的________速率,而非________速率。

四、综合题

1. 为有效遏制全球气候变暖,需要对 CO_2 进行捕集和利用。我国科学家研发出将 CO_2 高效转化为甲醇(CH_3OH)的新技术,其化学方程式为:$CO_2 + 3H_2 \xlongequal{\text{催化剂}} CH_3OH + H_2O$。在密闭容器中,如果 2 min 内 H_2 的浓度由 9 mol/L 下降到 3 mol/L,请计算用 H_2 浓度变化和 CH_3OH 浓度变化表示的化学反应速率各为多少?

2. 高压锅可加快蒸煮食物的速率，请简述高压锅加快蒸煮食物速率的原理。再列举1~2个日常生活或医药领域中加快或减慢化学反应速率的例子，并解释原理。

第二节　化学平衡

学习目标

1. 认识化学平衡的概念，掌握化学平衡的特点。
2. 掌握影响化学平衡的主要因素，能判断化学平衡移动的方向。
3. 会根据勒夏特列原理分析和解决生产、生活中的问题，发展变化观念与平衡思想。

重点难点

一、可逆反应

在同一条件下，既能向正反应方向进行，又能向逆反应方向进行的化学反应称为可逆反应。在书写化学方程式时，可逆反应用符号“$\rightleftharpoons$”表示。可逆反应的特点是在密闭容器中，反应不能进行到底，反应物不能完全转化成生成物。

二、化学平衡和化学平衡常数

1. 化学平衡的概念

在一定条件下，可逆反应到达正、逆反应速率相等时的状态，称为化学平衡状态，简称化学平衡。在平衡状态时，各反应物和生成物的浓度均不再随时间改变，反应物和生成物的浓度称为平衡浓度。化学平衡是一种动态平衡。

2. 化学平衡常数

在一定条件下，某一可逆反应达到化学平衡时，生成物浓度幂的乘积与反应物浓度幂的乘积之比是一个常数。这个常数称为化学平衡常数，符号为 K。K 值越大，表示正反应进行得越完全。

对于同一可逆反应，平衡常数 K 随温度变化而变化。书写平衡常数时，固体、纯液体、水溶液中的水的浓度可视为常数，并入平衡常数。

三、化学平衡的移动

因外界条件改变，使可逆反应从原来的平衡状态转变到新的平衡状态的过程称为化学平衡的移动。影响化学平衡的外因主要有浓度、温度、压强等。

浓度变化对化学平衡的影响：在其他条件不变时，增大反应物的浓度或减小生成物的浓度，平衡向正反应方向（向右）移动；增大生成物的浓度或减小反应物的浓度，平衡向逆反应方向（向左）移动。

温度变化对化学平衡的影响：化学反应常伴随着热量的变化，热量变化可用焓变ΔH表示，$\Delta H<0$的反应称为放热反应，$\Delta H>0$的反应称为吸热反应。在其他条件不变时，升高温度，化学平衡向吸热反应方向移动；降低温度，平衡向放热反应方向移动。

压强变化对化学反应速率的影响：压强变化仅对气体的体积产生影响，其他条件不变时，增大压强，平衡向气体分子总数减小的方向移动；减小压强，平衡向气体分子总数增大的方向移动。对于反应前后气体分子总数不变或者无气体参加的可逆反应，改变反应体系的压强，平衡不移动。

需要注意的是，在增大压强后的瞬间（假设此时平衡尚未发生移动），体系中所有气体的浓度都是增加的，新的平衡建立后，体系中所有气体反应物和生成物的浓度的变化是以增大压强的瞬间作为参照对象的。

催化剂对化学平衡没有影响，但影响反应达到平衡的时间。

勒夏特列原理：如果改变影响平衡的一个因素，平衡就向着能够削弱或消除这种改变的方向移动，又称平衡移动原理，适用于已经达到平衡的体系。

例题引领

例1 下列关于化学平衡的叙述，正确的是(　　)

A. 一个可逆反应达到平衡状态时，表示这个反应在该条件下不再反应

B. 凡能影响可逆反应速率的因素，都能使化学平衡移动

C. 化学平衡状态不可以通过改变条件而改变

D. 当一个可逆反应达到平衡状态时，正、逆反应速率相等

解析 一个可逆反应达到平衡状态时，表示这个反应在该条件下正、逆反应速率相等，反应物和生成物浓度不再改变，但反应仍在进行，A错误；影响化学平衡的外界因素主要有浓度、温度和压强。催化剂能同等程度地加快正、逆反应速率，对平衡没有影响，B错误；化学平衡是可逆反应相对的、暂时的、有条件的平衡状态，外界条件改变会使原来的平衡状态被破坏，C错误；当一个可逆反应达到平衡状态时，正反应速率等于逆反应速率，D正确。

答案 D

例2 对于达到化学平衡的可逆反应$N_2+3H_2 \rightleftharpoons 2NH_3$（$\Delta H<0$），下列叙述正确的是(　　)

A. N_2、NH_3的浓度相等

B. N_2、NH_3的浓度不再发生变化

C. 增大压强,不利于合成氨的合成

D. 降低温度,平衡混合物里的 NH_3 的浓度减小

解析 题中没有给出各物质的初始浓度,N_2、H_2 和 NH_3 的浓度没有必然的联系,可以相等,也可以不等,A 错误;可逆反应达到平衡状态时,反应物和生成物的浓度不再改变,B 正确;增大压强,平衡向气体分子总数减小的方向进行,所以合成氨的反应向正反应方向移动,C 错误;降低温度,平衡向放热反应($\Delta H<0$)方向移动,即平衡向正反应方向移动,平衡体系中 NH_3 的浓度增大,D 错误。

答案 B

例 3 对于可逆反应 $2A(g)+B(g) \rightleftharpoons C(g)+D(g)$($\Delta H<0$),下列说法正确的是(　　)

A. $K=\frac{[C][D]}{[A]^2[B]}$,说明化学平衡常数与反应物及生成物的浓度有关

B. 升高温度使逆反应速率增大,正反应速率减小,故平衡向右移动

C. 加入催化剂使正反应速率增大,故平衡向右移动

D. 增大 A、B 的浓度或减小 C 的浓度,都可以使平衡向正反应方向移动

解析 化学平衡常数和温度有关,和浓度无关,A 错误;升高温度使正、逆反应速率都增大,平衡向吸热反应方向移动,B 错误;催化剂能同等程度地加快正、逆反应速率,但对平衡没有影响,C 错误;在其他条件不变的情况下,增大 A、B 的浓度或减小 C 的浓度,都可以使平衡向正反应方向移动,D 正确。

答案 D

达标训练

一、选择题

1. 下列说法错误的是(　　)

A. 化学反应达到平衡时,正反应速率等于逆反应速率

B. 可以通过延长反应的时间来改变化学平衡

C. 某一条件下,当一个反应达到平衡状态时,反应物的转化率达最大

D. 同一个可逆反应,在不同条件下平衡常数的数值可能不同

2. 一定条件下,NO 和 O_2 在一密闭容器中进行反应。对于该可逆反应,下列说法不正确的是(　　)

A. 反应开始时,正反应速率最大,逆反应速率为零

B. 随着反应的进行,正反应速率逐渐降低,最后为零

C. 随着反应的进行,正反应速率逐渐降低,最后不再改变

D. 随着反应的进行,逆反应速率逐渐增大,最后不再改变

3. 下列关于催化剂的说法错误的是(　　)

A. 催化剂不仅能改变化学反应速率,而且能使化学平衡发生移动

B. 加入催化剂不能使化学平衡发生移动

C. 催化剂不能改变达到平衡状态的反应混合物的组成

D. 催化剂能够同等程度地改变正反应速率和逆反应速率

4. 在一个针孔端封闭的注射器内,存在 $2NO_2(g) \rightleftharpoons N_2O_4(g)$ 的平衡体系,若推压活塞,使体积快速压缩到某一程度,此时混合气颜色的变化是(　　)

A. 变深　　B. 先变深后变浅　　C. 变浅　　D. 先变浅后变深

5. 在反应 $C(s)+H_2O(g) \rightleftharpoons CO(g)+H_2(g)$($\Delta H<0$)达到平衡状态时,欲使平衡向右移动,可采取的措施是(　　)

A. 加入催化剂　　B. 增大总压强　　C. 降低温度　　D. 增大 CO 的浓度

6. 下列反应达到平衡后,增大压强或降低温度,都能使平衡向左移动的是(　　)

A. $2NO+O_2 \rightleftharpoons 2NO_2$($\Delta H<0$)　　B. $CO_2+H_2 \rightleftharpoons CO+H_2O$($\Delta H>0$)

C. $C(s)+O_2 \rightleftharpoons CO_2$($\Delta H<0$)　　D. $CaCO_3(s) \rightleftharpoons CaO(s)+CO_2$($\Delta H>0$)

7. 硫酸的产量可以衡量一个国家基础化工水平,主要反应之一是:$2SO_2+O_2 \rightleftharpoons 2SO_3$。500 ℃时,在该平衡体系中增加 O_2 的浓度,下列关于平衡移动的描述不正确的是(　　)

A. 正反应速率增大　　B. 逆反应速率减小

C. SO_2 的转化率增大　　D. SO_3 的浓度一定增大

8. 一定温度下,在容积恒定的密闭容器中,进行如下可逆反应:$A(s)+2B(g) \rightleftharpoons C(g)+D(g)$,下列叙述能表明该反应已达到平衡状态的是(　　)

① 混合气体的密度不再变化时　　② 容器内气体的压强不再变化时

③ 混合气体的总物质的量不再变化时　　④ B 的物质的量浓度不再变化时

⑤ 混合气体的平均分子量不再改变的状态　　⑥ 当 $v_{正}(B)=2v_{逆}(C)$

A. ①④⑤⑥　　B. ②③⑥　　C. ②④⑤⑥　　D. 只有④

9. 反应 $CO_2+H_2 \rightleftharpoons CO+H_2O$($\Delta H>0$)达到平衡后,下列说法正确的是(　　)

A. 增大压强,平衡不移动　　B. 降低温度,平衡向左移动

C. 使用催化剂,平衡不移动　　D. 以上都正确

二、判断题

1. 降低温度,可使吸热反应速率减慢,放热反应速率加快。(　　)

2. 催化剂不能使化学平衡移动,但能够改变化学平衡到达的时间。(　　)

3. 当一个可逆反应达到平衡后,平衡体系中各组分的百分含量保持不变。(　　)

4. 压强能够对所有化学反应的平衡产生影响。(　　)

5. 可逆反应达到平衡状态时,$v_{正}=v_{逆}\neq 0$。(　　)

三、填空题

1. 化学平衡是________、________的平衡，一旦外界条件改变，化学平衡就会移动，影响化学平衡的主要外因有________、________和________。

2. 对于 $CaCO_3(s) \rightleftharpoons CaO(s)+CO_2(g)$ 反应的平衡常数 $K=$____________________，其数值与________有关，与________________无关。

3. 对于 $N_2O_4(g) \rightleftharpoons 2NO_2(g)$ 的平衡体系，升高温度，红棕色加深，表明逆反应是________热反应；增大总压力，红棕色先变________后变________，表明平衡向________移动。

4. 氨水中存在平衡：$NH_3+H_2O \rightleftharpoons NH_3 \cdot H_2O \rightleftharpoons NH_4^+ +OH^-$。

（1）增大压强，平衡向________移动，溶液的碱性________。

（2）加入少量 NaOH 固体，平衡向________移动，溶液中________离子减少。

5. 已知可逆反应 $2A+B \rightleftharpoons 2C$ 在一定条件下达到平衡。如果升高温度，生成物 C 的浓度增大，那么正反应是________热反应。如果改变物质 B 的质量，生成物 C 的浓度不变，则物质 B 是________态物质。如果 B 和 C 是气态物质，增大压强平衡向着 C 物质浓度减小的方向移动，则 A 不是________态物质。

6. 漂白粉溶于水发生反应：$Ca(ClO)_2+2H_2O \rightleftharpoons Ca(OH)_2+2HClO$。HClO 具有漂白作用。若在使用漂白粉时加入少许醋酸，可以中和 $Ca(OH)_2$，则平衡向________移动，$c(HClO)$________，漂白效果________。

四、综合题

1. 写出下列可逆反应的平衡常数表达式，并指出当温度升高或压强增大时，平衡向哪个方向移动。

（1）$CO_2(g)+C(s) \rightleftharpoons 2CO(g)\ (\Delta H>0)$

（2）$2CO(g)+O_2(g) \rightleftharpoons 2CO_2(g)\ (\Delta H<0)$

（3）$3H_2(g)+Fe_2O_3(s) \rightleftharpoons 2Fe(s)+3H_2O(g)\ (\Delta H<0)$

（4）$2SO_2(g)+O_2(g) \rightleftharpoons 2SO_3(g)\ (\Delta H<0)$

2. 血红蛋白（Hb）在人体内承载着运载营养成分、运送氧气以及二氧化碳的功能。当人体吸入较多量的 CO 时，会引起 CO 中毒，这是由于 CO 跟血液里的血红蛋白结合，使血红蛋白不能再跟 O_2 结合，人因缺氧而窒息，甚至死亡。这个反应可表示为

$$\underset{\text{氧合血红蛋白}}{Hb\text{-}O_2} + CO \rightleftharpoons \underset{\text{一氧化碳合血红蛋白}}{Hb\text{-}CO} + O_2$$

请运用化学平衡理论,简述抢救 CO 中毒患者时应采取哪些措施。

3. 我国提前完成 2020 年碳减排国际承诺(碳排放强度比 2005 年下降 40%~45%),其中涉及的反应为:$CO_2(g)+H_2(g) \rightleftharpoons CH_3OH(g)+H_2O(g)$($\Delta H>0$)。在某一密闭容器中,该反应达到平衡状态。回答以下问题:

(1) 该反应达到平衡的依据是________(填序号)。

① 正反应的速率和逆反应的速率相等

② CO_2、H_2、CH_3OH、H_2O 的浓度都相等

③ CO_2、H_2、CH_3OH、H_2O 的浓度不再发生变化

(2) 升高温度,CO_2 的转化率________(填"变大"、"不变"或"变小")。

第五章 电解质溶液

知识领航

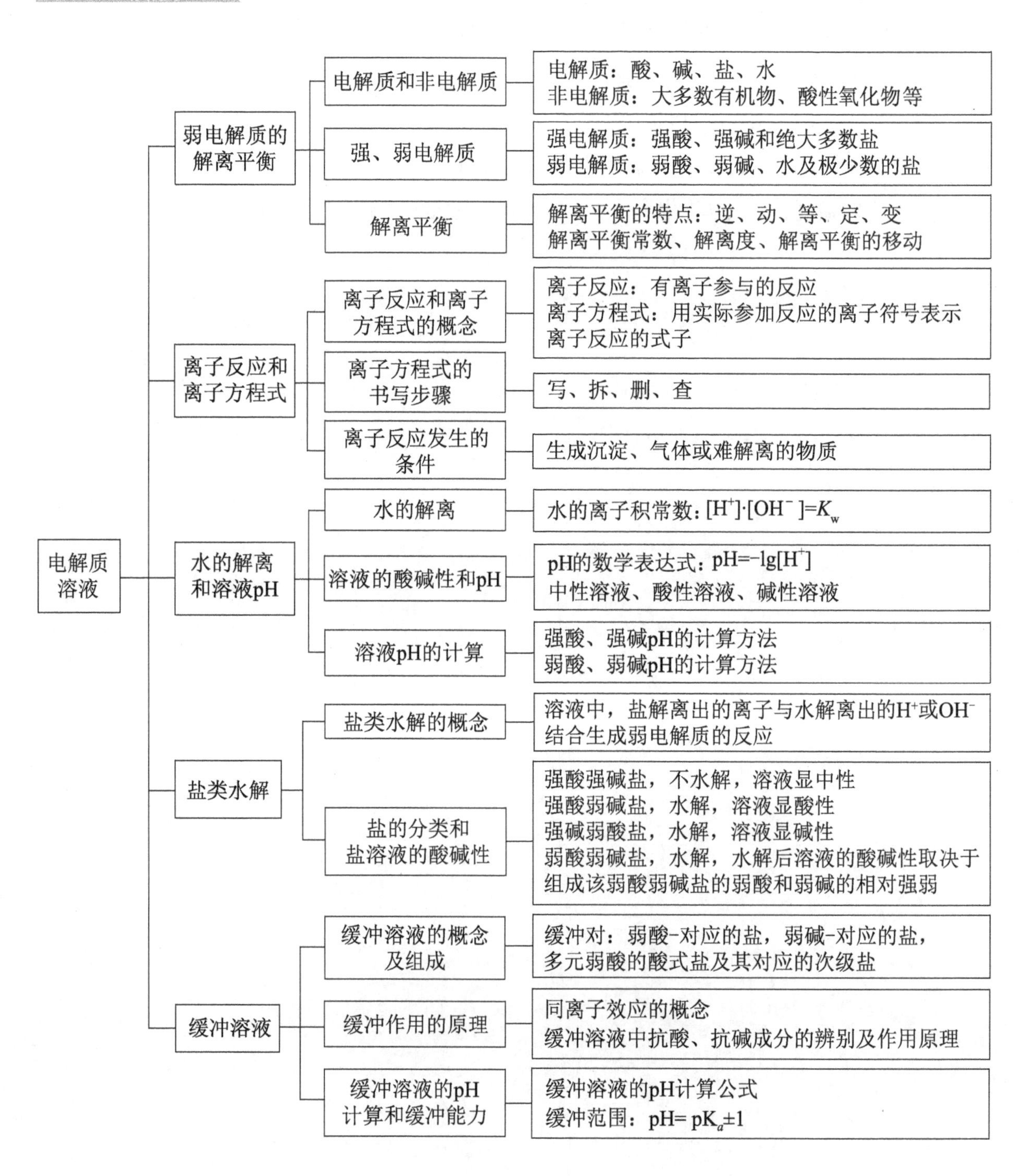

第一节　弱电解质的解离平衡

学习目标

1. 能从宏观与微观结合的角度理解电解质和非电解质、强电解质和弱电解质的概念并进行判断。

2. 会进行解离平衡常数和解离度的简单计算。

3. 能运用平衡思想分析弱电解质的解离平衡，发展认知规律、总结规律的能力。

重点难点

一、电解质的概念

1. 电解质和非电解质

电解质：在水溶液中或熔融状态下能导电的化合物。酸、碱、盐、活泼金属氧化物、水都是电解质。

非电解质：在水溶液中和熔融状态下都不能导电的化合物。大多数有机化合物、酸性氧化物等都是非电解质。

单质既不是电解质也不是非电解质。

2. 强电解质和弱电解质

强电解质：在水溶液中，能完全解离的电解质。常见的强电解质有强酸、强碱和绝大多数盐。

弱电解质：在水溶液中，只有部分解离的电解质。常见的弱电解质有弱酸、弱碱、水及 $HgCl_2$ 等极少数的盐。

注意：电解质不一定导电（如 NaCl 晶体、无水醋酸），导电物质不一定是电解质（如石墨）；非电解质不导电，但不导电的物质不一定是非电解质。

解离方程式的书写：可用口诀“强等号，弱可逆，多元弱酸分步离”表示。

二、弱电解质的解离

1. 解离平衡

在一定的条件下，弱电解质分子解离成离子的速率和离子结合成分子的速率相等时的状态，称为弱电解质的解离平衡。

弱电解质解离平衡的特征：

逆——可逆过程

动、等——v(解离)=v(结合)$\neq 0$,动态平衡

定——条件一定,平衡体系中分子与离子的浓度一定

变——条件改变,平衡发生移动

2. 解离平衡常数

在一定温度下,已解离的弱电解质各离子浓度的乘积和未解离的弱电解质分子浓度的比值是一个常数,称为解离平衡常数,简称解离常数,用符号 K_i 表示。通常弱酸用 K_a 表示,弱碱用 K_b 表示。

解离常数 K_i 的数值随温度而变,与浓度无关。可以通过比较 K_i 的大小判断弱电解质的相对强弱。多元弱酸的酸性强弱主要取决于一级解离的程度。

3. 解离度

一定温度下,当弱电解质在溶液里达到解离平衡时,溶液中已解离的弱电解质分子数占弱电解质分子总数(包括已解离的和未解离的)的百分数称为解离度。解离度用符号 α 表示。

强电解质是完全解离的,其解离度的理论值为100%。弱电解质的解离度主要取决于弱电解质的本性及溶液的温度和浓度。

4. 解离平衡的移动

解离平衡与化学平衡一样,也是动态平衡。解离达到平衡时,溶液中离子的浓度和分子的浓度都保持不变。当外界条件改变时,平衡会发生移动。解离平衡的移动也遵循化学平衡移动原理。

例题引领

例1 下列物质属于弱电解质的是(　　)

A. $NH_3 \cdot H_2O$　　B. 蔗糖　　C. HCl　　D. NaCl

解析 此题考查的是对电解质和非电解质、强电解质和弱电解质的辨析。大多数有机物都是非电解质,因此蔗糖是非电解质;强酸、强碱和大多数盐是强电解质,因此 HCl 和 NaCl 是强电解质;弱酸、弱碱、少部分盐和水是弱电解质,$NH_3 \cdot H_2O$ 是弱碱,因此是弱电解质,此题应选择 A。

答案 A

例2 向醋酸溶液中加入甲基橙试剂,溶液显红色。再加入醋酸钠固体,溶液显橙至黄色。请说明上述颜色变化的原因。(甲基橙变色范围:pH<3.1 时显红色, pH 为 3.1~4.4时显橙色,pH>4.4 时显黄色)

解析与答案 醋酸溶液中存在解离平衡: $CH_3COOH \rightleftharpoons CH_3COO^- + H^+$,故加入甲基

橙后溶液显红色。如果加入醋酸钠固体，CH_3COONa 在溶液中解离出 CH_3COO^-，溶液中 CH_3COO^-浓度增大，平衡向左移动，H^+浓度减小，pH 变大，因此溶液的红色会变为橙色至黄色。

达标训练

一、选择题

1. 下列物质中，既能导电又是强电解质的是(　　)

A. 无水硫酸　　B. 氢氧化钠晶体　　C. 熔融的氯化钠　　D. 液态氯化氢

2. 下列化合物属于弱电解质的是(　　)

A. 蔗糖　　B. 食盐　　C. 酒精　　D. 醋酸

3. 下列物质中，属于强电解质的是(　　)

A. 氨水　　B. 醋酸

C. 氢硫酸(H_2S 的水溶液)　　D. 醋酸铵

4. 下列电解质溶液中，有溶质分子存在的是(　　)

A. NaCl 溶液　　B. CH_3COONa 溶液　　C. CH_3COOH 溶液　　D. HCl 溶液

5. 0.1 mol/L 的下列各溶液中，$[H^+]$最小的是(　　)

A. 硫酸　　B. 硝酸　　C. 盐酸　　D. 醋酸

6. 相同温度下，浓度为 0.1 mol/L 的下列各溶液中，导电能力最弱的是(　　)

A. 盐酸　　B. 氨水　　C. 氢氧化钾　　D.硫酸钠

7. 下列叙述中，正确的是(　　)

A. KNO_3 固体不导电，所以 KNO_3 不是电解质

B. 铜丝、石墨均能导电，所以它们都是电解质

C. 熔融的 $MgCl_2$ 能导电，所以 $MgCl_2$ 是电解质

D. NaCl 溶于水，在通电条件下才能发生解离

8. 下列解离方程正确的是(　　)

A. $H_2CO_3 = H^+ + HCO_3^-$　　B. $HNO_3 = H^+ + NO_3^-$

C. $CH_3COOH = CH_3COO^- + H^+$　　D. $Ba(OH)_2 = Ba^{2+} + OH^-$

9. 对于弱电解质溶液，下列说法正确的是(　　)

A. 溶液中没有溶质分子，只有离子

B. 溶液中没有离子，只有溶质分子

C. 溶液中只有溶质分子和溶剂分子存在

D. 溶液中既有溶质、溶剂分子存在，又有部分溶质解离出的离子存在

10. 当弱电解质解离达到平衡状态时，下列叙述错误的是(　　)

A. 弱电解质的解离是一个可逆反应

B. 当达到解离平衡状态时,$v_{(离子化)} = v_{(分子化)} = 0$

C. 当达到解离平衡状态时,各组分的浓度不再变化

D. 一旦改变平衡的条件,平衡会发生移动

二、填空题

1. 我们把在________________状态下________________称为电解质;而在________状态下____________________称为非电解质。

2. 在水溶液中,____________________的电解质称为强电解质;__________________的电解质称为弱电解质。

3. 下列物质:NH_4Cl、$NaCl$、CH_3CH_2OH、HCl、H_2CO_3、$NH_3 \cdot H_2O$、Cl_2 中,属于强电解质的是____________________;属于弱电解质的是____________________;属于非电解质的是____________________;既不是电解质也不是非电解质的是____________________。

4. 在一定条件下,________________________________称为弱电解质的解离平衡。

5. $NH_3 \cdot H_2O$ 溶液中加入酚酞指示剂,溶液显________色,再加入 NH_4Cl 晶体, 溶液颜色变________, 这是由于________________________________的结果。

三、综合题

1. 写出下列物质的解离方程式。

(1) H_2SO_4

(2) KOH

(3) H_2CO_3

(4) NH_4Cl

2. 中和体积相同,pH 均为 2 的盐酸和醋酸,所需氢氧化钠的量是否相同?请说明理由。

3. 将 20 mL 0.1 mol/L 醋酸溶液按照下表设置的条件处理,并按要求填写下表。

处理方法	平衡移动 (填"向左""向右")	氢离子浓度 (填"增""减")	pH (填"增""减")
加入等体积水			
加入等体积 0.1 mol/L 的盐酸			
加入少量醋酸钠晶体			

4. 珊瑚礁是海洋中的重要生物，其外壳以碳酸钙为主。请结合图 5-1，利用所学知识解释二氧化碳的过量排放会对珊瑚礁带来的影响，并讨论我们能为保护海洋环境做些什么。

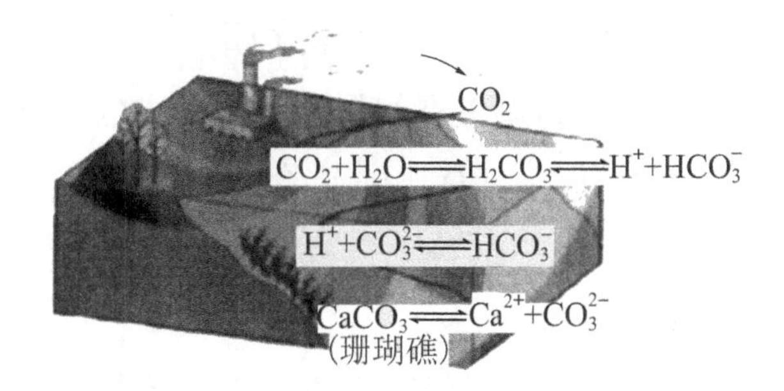

图 5-1 CO_2 过量排放对珊瑚礁影响原理

第二节 离子反应和离子方程式

学习目标

1. 能从宏观与微观结合的角度理解离子反应实质和离子反应发生条件。
2. 会书写离子方程式，并理解离子方程式和化学方程式的区别。
3. 能运用离子反应的相关知识解决实际问题，感受化学的应用价值。

重点难点

一、离子反应和离子方程式的概念

离子反应：有离子参加的反应。

离子方程式：用实际参加反应的离子符号表示化学反应的式子。

二、离子方程式的书写步骤

“写”：写出化学反应方程式；

“拆”：易溶于水的强电解质拆成离子符号；

“删”：删去等式两边未参与反应的离子；

“查”：检查离子方程式两边原子个数、电荷总数是否相等。

三、离子反应发生的条件

复分解反应是离子反应，发生的条件是生成沉淀、气体或难解离的物质。

例题引领

例 1 当溶液中有大量 H^+ 和 Ba^{2+} 时，下列离子中有可能大量存在的是(　　)

A. Cl^-　　B. CO_3^{2-}　　C. SO_4^{2-}　　D. OH^-

解析　这题考查的是离子间反应的条件，如果有沉淀、气体或难解离的物质生成，则不能大量共存。CO_3^{2-}、SO_4^{2-} 会与 Ba^{2+} 生成沉淀；OH^- 与 H^+ 生成难解离的 H_2O，故答案应为 A。

答案　A

例 2　写出下列反应的化学方程式和离子方程式：

① 锌粒与盐酸　② 碳酸钙与盐酸　③ 醋酸与氢氧化钠

解析与答案

① 锌粒与盐酸

化学方程式：$Zn+2HCl = ZnCl_2+H_2\uparrow$

离子方程式：$Zn+2H^+ = Zn^{2+}+H_2\uparrow$

易错点：Zn 为金属单质，不溶于水，应该保留原形式不变。

② 碳酸钙与盐酸

化学方程式：$CaCO_3+2HCl = CaCl_2+H_2O+CO_2\uparrow$

离子方程式：$CaCO_3+2H^+ = Ca^{2+}+H_2O+CO_2\uparrow$

易错点：$CaCO_3$ 是难溶物，应该保留分子形式不变。

③ 醋酸与氢氧化钠

化学方程式：$CH_3COOH+NaOH = CH_3COONa+H_2O$

离子方程式：$CH_3COOH+OH^- = CH_3COO^-+H_2O$

易错点：CH_3COOH 是弱酸，是难解离的物质，应该保留分子形式不变。

达标训练

一、选择题

1. 下列离子在溶液中能大量共存的一组是(　　)

A. K^+、Ag^+、NO_3^-、Cl^-　　B. K^+、H^+、NO_3^-、CO_3^{2-}

C. K^+、Na^+、NO_3^-、CO_3^{2-}　　D. K^+、Ba^{2+}、NO_3^-、SO_4^{2-}

2. 下列 4 种物质的水溶液中，加入 H_2SO_4 或 $MgCl_2$ 都有白色沉淀生成的是(　　)

A. $BaCl_2$　　B. Na_2CO_3　　C. NaOH　　D. $Ba(OH)_2$

3. 下列化学反应方程式，不能用离子方程式 $Ba^{2+}+SO_4^{2-} = BaSO_4\downarrow$ 表示的是(　　)

A. $Ba(NO_3)_2+H_2SO_4 = BaSO_4\downarrow+2HNO_3$

B. $BaCl_2+Na_2SO_4 = BaSO_4\downarrow+2NaCl$

C. $BaCO_3+H_2SO_4 = BaSO_4\downarrow+H_2O+CO_2\uparrow$

D. $BaCl_2+H_2SO_4 = BaSO_4\downarrow+2HCl$

4. 下列反应中,属于离子反应的是(　　)

A. $2KClO_3 \xlongequal{} 2KCl+3O_2\uparrow$　　B. $H_2+Cl_2 \xlongequal{点燃} 2HCl$

C. $Fe(OH)_3+3HCl \xlongequal{} FeCl_3+3H_2O$　　D. $2H_2+O_2 \xlongequal{点燃} 2H_2O$

5. 下列各组离子在指定环境中能大量共存的是(　　)

A. 能使酚酞变红色的溶液中：NH_4^+、Al^{3+}、Cl^-、NO_3^-

B. 能使石蕊变红色的溶液中：Fe^{3+}、Na^+、CO_3^{2-}、NO_3^-

C. pH = 3 的溶液中：NO_3^-、SO_4^{2-}、Na^+、Fe^{3+}

D. 无色透明的溶液中：Cu^{2+}、K^+、Cl^-、SO_4^{2-}

6. 离子方程式 $2H^++CO_3^{2-} \xlongequal{} H_2O+CO_2\uparrow$ 中的 CO_3^{2-} 代表的物质可以是(　　)

A. $NaHCO_3$　　B. $CaCO_3$　　C. Na_2CO_3　　D. $BaCO_3$

二、填空题

1. 有________参加的反应称为离子反应,用________________表示________的式子叫离子方程式。从复分解反应的角度来看,具备生成______________、______________、______________条件之一,反应即可发生。

2. 针对 Na^+、Ag^+、Mg^{2+}、Cu^{2+}、Fe^{3+}五种离子,如果某溶液无色透明,请回答以下问题:

(1) 不做任何实验就可以确定该溶液中不存在的离子是____________________。

(2) 取少量溶液,加入过量稀盐酸,有白色沉淀生成;再加入过量稀硝酸沉淀没有消失。说明原溶液中,肯定存在的离子是______________,有关的离子方程式为______________________________。

(3) 取(2)中的滤液,加入过量稀氨水($NH_3 \cdot H_2O$),出现白色沉淀,说明原溶液中,肯定存在的离子是______________,有关的离子方程式为__________________________。

(4) 通过以上实验,无法确定该离子是否存在的有____________________。

3. 医疗上常用 $BaSO_4$ 作 X 射线透视胃肠道的内服药剂,俗称“钡餐”。$BaCO_3$ 和 $BaSO_4$ 都是难溶物,$BaCO_3$________(填“能”或“不能”)替代 $BaSO_4$ 做“钡餐”,原因是________________________________(用离子方程式表示)。

三、综合题

1. $FeCl_3$ 溶于水得到浅黄色溶液,将该溶液加热至沸腾,颜色变成红褐色。试解释这种现象,并写出离子方程式。

2. 写出与下列离子方程式相对应的一个化学方程式。

（1）$H^{+}+OH^{-}=H_2O$

（2）$Mg^{2+}+2OH^{-}=Mg(OH)_2\downarrow$

（3）$2H^{+}+CO_3^{2-}=H_2O+CO_2\uparrow$

（4）$Zn+Fe^{2+}=Zn^{2+}+Fe$

3. 对于下面几组物质，能发生反应的，写出有关反应的化学方程式；属于离子反应的，写出离子方程式；不能发生反应的，说明原因。

（1）硫酸钠溶液与氯化钡溶液

（2）锌片与硫酸铜溶液

（3）稀盐酸与碳酸钠溶液

（4）硝酸钾溶液与氯化钠溶液

4. 从稀盐酸、$Ba(OH)_2$、Fe 和 $CuSO_4$ 溶液中选出适当的物质，写出符合下列要求的反应的离子方程式。

（1）置换反应

（2）生成沉淀的反应

（3）酸与碱的中和反应

第三节　水的解离和溶液 pH

学习目标

1. 能从宏观与微观结合的角度分析水的解离，知道水的离子积常数。

2. 理解溶液酸碱性和[H^+]、[OH^-]的关系，会进行溶液 pH 的计算。

3. 学会测定溶液 pH 的方法，知道溶液 pH 的调控在工、农业生产和科学研究中的应用，发展科学态度，培养社会责任感。

重点难点

一、水的解离

水能解离出极少量的 H^+ 和 OH^-，有微弱的导电能力，是一种极弱的电解质。

H^+ 浓度和 OH^- 浓度的乘积被称为水的离子积常数，用 K_w 表示。25 ℃时，纯水中 H^+ 和 OH^- 的浓度都等于 1×10^{-7} mol/L，则 $K_w=1\times10^{-14}$。需要注意的是，K_w 随温度升高而略有增大。例如，100 ℃时，$K_w=54.5\times10^{-14}$，此时水的 pH 不等于 7，而是略小于 7。

二、溶液的酸碱性和 pH

[H^+]和[OH^-]都可以表示溶液酸碱性的强弱。为了方便判断，常采用 pH 表示溶液的酸碱性，其数学表达式是 $pH=-\lg[H^+]$。

25 ℃时，不同溶液中[H^+]和[OH^-]的关系，以及 pH 的取值：

中性溶液中，$[H^+]=[OH^-]$，$pH=7$

酸性溶液中，$[H^+]>[OH^-]$，$pH<7$

碱性溶液中，$[H^+]<[OH^-]$，$pH>7$

无论在哪种溶液中，水的解离始终存在，因此[H^+]和[OH^-]都不会为 0。

三、溶液 pH 的计算

当 $[H^+]<1$ mol/L 时，一般用 pH 来表示溶液的酸碱性，溶液 pH 的计算关键在于正确求出各种溶液的[H^+]。强酸溶液可根据酸的浓度求出[H^+]后求 pH，强碱溶液则可以通过水的离子积常数求出[H^+]（$[H^+]=K_w/[OH^-]$），再求出 pH。弱酸、弱碱的 pH 计算当满足一定条件时，可以使用近似公式。

例题引领

例 1　计算常温下 0.01 mol/L NaOH 溶液的 pH。

解析与答案　NaOH 是强电解质，在溶液中完全解离：$NaOH = Na^+ + OH^-$

$[OH^-]=[NaOH]=0.01\ mol/L$

$[H^+]=\frac{K_w}{[OH^-]}=\frac{1\times10^{-14}}{0.01}=1\times10^{-12}\ mol/L$

$pH=-\lg[H^+]=-\lg10^{-12}=12$

例 2 下列关于溶液酸碱性的说法中,正确的是(　　)

A. $[H^+]$很小的溶液一定显碱性

B. pH=7 的溶液一定显中性

C. $[H^+]=[OH^-]$的溶液一定显中性

D. 不能使酚酞试液变红的溶液一定显酸性

解析 判断溶液酸碱性的依据是$[H^+]$和$[OH^-]$的相对大小,当$[H^+]<[OH^-]$时,溶液显碱性,A 错误。水的离子积常数随温度而变,因此,不在常温时,水的 pH 并不等于 7,B 错误。酚酞的变色范围约是 pH=8~10,当酚酞不变色时,溶液可能显酸性、中性或碱性,D 错误。

答案 C

达标训练

一、选择题

1. 在酸性溶液中,下列叙述正确的是(　　)

A. 只有 H^+存在　　B. pH≤7

C. $[H^+]>[OH^-]$　　D. $[OH^-]>10^{-7}mol/L$

2. 已知成人胃液的 pH=1,婴儿胃液的 pH=5,则成人胃液中$[H^+]$是婴儿胃液中$[H^+]$的(　　)

A. 5 倍　　B. 1/5 倍　　C. 10^{-4}倍　　D. 10^4 倍

3. 常温下,纯水中加入少量酸或碱后,水的离子积(　　)

A. 增大　　B. 减小　　C. 不变　　D. 无法判断

4. 常温下,柠檬水的 pH=3,其中$[OH^-]$为(　　)

A. 0.1 mol/L　　B. 1×10^{-3} mol/L　　C. 1×10^{-7} mol/L　　D. 1×10^{-11} mol/L

5. 测定溶液 pH 最常用的是(　　)

A. 石蕊溶液　　B. 酚酞溶液　　C. 甲基橙溶液　　D. 广范 pH 试纸

6. 常温下,向某溶液中滴入酚酞,溶液变成红色,此溶液(　　)

A. 一定是酸溶液　　B. 一定是碱溶液

C. 一定没有 H^+　　D.一定是$[H^+]<[OH^-]$

7. 下列关于可溶性碱的叙述不正确的是(　　)

A. 能解离出 OH^-　　B. 能使酚酞试液变红色

C. 溶液的 pH>7　　　　D. 溶于水可全部解离

8. 在 25 ℃时，下列溶液中 H^+浓度最小的是(　　)

A. pH＝8 的溶液　　　　B. $[OH^-]=1\times10^{-5}$ mol/L 的溶液

C. $[H^+]=1\times10^{-3}$ mol/L 的溶液　　　　D. 1×10^{-5} mol/L 的氨水溶液

9. 物质的量浓度和体积都相等的 NaOH 溶液和 CH_3COOH 溶液混合后，混合溶液中有关离子浓度的大小关系正确的是(　　)

A. $[Na^+]>[CH_3COO^-]>[OH^-]>[H^+]$　　　　B. $[Na^+]>[CH_3COO^-]>[H^+]>[OH^-]$

C. $[Na^+]>[H^+]>[CH_3COO^-]>[OH^-]$　　　　D. $[Na^+]>[OH^-]>[CH_3COO^-]>[H^+]$

10. 下列各物质等物质的量混合后所得的溶液呈中性的是(　　)

A. HCl 和 NaOH　　　　B. H_2SO_4 和 NaOH

C. NaOH 和 CH_3COOH　　　　D. $Ba(OH)_2$ 和 HCl

二、填空题

1. 溶液的酸碱性与$[H^+]$和$[OH^-]$的关系为，当溶液为中性时，________________；当溶液为酸性时，________________；当溶液为碱性时，________________。

2. 0.001 mol/L 的 NaOH 溶液，pH＝______；0.001 mol/L 的 HCl 溶液，pH＝______。

3. 正常人体血液的 pH 总是维持在________之间，临床上把血液的 pH 小于________叫作酸中毒，大于________叫作碱中毒。

4. 溶液的$[H^+]=1\times10^{-6}$ mol/L，则 pH 为________；溶液的$[OH^-]=1\times10^{-3}$ mol/L，则 pH 为________。

5. 水是一种________的电解质，能解离出________和________。实验测得，25 ℃时，1 L 纯水中________和________相等，都是 1×10^{-7} mol/L，两者的乘积是一个常数，用 K_w 表示，称为水的________________。

6. 若向氨水中加入稀盐酸，使氨水恰好被完全中和，反应的离子方程式为____________________；所得溶液的 pH________7(填“>”、“<”或“＝”)；用离子方程式表示其原因为________________。

三、综合题

1. 计算下列溶液的 pH 值。

(1) 0.01 mol/L 的盐酸

(2) 0.01 mol/L 的氢氧化钠溶液

(3) 0.005 mol/L 的氢氧化钡溶液

2. 将 pH=1 的盐酸稀释 100 倍,求稀释后溶液的 pH。

第四节　盐类水解

学习目标

1. 知道盐类水解的概念。

2. 能进行盐的分类,会判断盐溶液的酸碱性。

3. 能运用变化观点和平衡思想分析盐类水解的本质,发展认知规律、总结规律的能力,解决医药卫生领域中的实际问题。

重点难点

一、盐类水解的概念

溶液中,盐解离出的离子与水解离出的 H^+ 或 OH^- 结合生成弱电解质的反应称为盐的水解。

二、盐的分类和盐溶液的酸碱性

盐的分类和盐溶液的酸碱性及实例见表 5-1。

表 5-1　盐的分类和盐溶液的酸碱性

盐的分类	盐溶液的酸碱性	实例
强酸强碱盐	中性	$NaCl$、KNO_3
强酸弱碱盐	酸性	NH_4Cl、$AlCl_3$、$CuSO_4$
强碱弱酸盐	碱性	CH_3COONa、Na_2CO_3
弱酸弱碱盐	取决于弱酸和弱碱的相对强弱	CH_3COONH_4、$(NH_4)_2CO_3$

例题引领

例 1 常温下 0.01 mol/L 下列溶液,pH 最大的是(　　)

A. HCl　　B. CH_3COOH　　C. Na_2CO_3　　D. H_2O

解析 盐酸和醋酸均为酸溶液,pH<7;水呈中性,pH = 7;Na_2CO_3 是强碱弱酸盐,显碱性,pH>7,故本题选 C。

答案 C

例 2 推测 NH_4NO_3 和 NaClO 溶液的酸碱性,说明理由,并写出上述盐发生水解反应时的化学方程式和离子方程式。

解析与答案 根据盐的组成对两种盐进行分类,NH_4NO_3 属于强酸弱碱盐,其溶液显酸性;NaClO 属于强碱弱酸盐,其溶液显碱性。

NH_4NO_3 发生水解反应时的化学方程式和离子方程式分别为

$NH_4NO_3+H_2O \rightleftharpoons NH_3 \cdot H_2O+HNO_3$

$NH_4^++H_2O \rightleftharpoons NH_3 \cdot H_2O+H^+$

NaClO 发生水解反应时的化学方程式和离子方程式分别为

$NaClO+H_2O \rightleftharpoons HClO+NaOH$

$ClO^-+H_2O \rightleftharpoons HClO+OH^-$

达标训练

一、选择题

1. 下列离子在溶液中能水解的是(　　)

A. CH_3COO^-　　B. NO_3^-　　C. K^+　　D. SO_4^{2-}

2. 在水中加入下列物质,可使水的解离平衡向解离方向移动的是(　　)

A. H_2SO_4　　B. $FeCl_3$　　C. KOH　　D. $Ba(OH)_2$

3. 下列判断盐类水解的叙述正确的是(　　)

A. 溶液呈中性的盐一定是强酸、强碱生成的盐

B. 含有弱酸根盐的水溶液一定呈碱性

C. 盐溶液的酸碱性主要取决于形成盐的酸和碱的相对强弱

D. 碳酸溶液中氢离子的物质的量浓度是碳酸根离子的物质的量浓度的两倍

4. 下列说法正确的是(　　)

A. 一元酸和一元碱若以等物质的量混合,反应后 pH = 7

B. 盐溶解于水后一定发生水解反应

C. 所有指示剂的变色点均在溶液的 pH = 7 处

D. 正常人的胃液、唾液均呈微酸性

5. 向下列物质的水溶液中加入酚酞指示剂时,溶液呈现红色的是(　　)

A. Na_2CO_3　　B. KCl　　C. Na_2SO_4　　D. NH_4NO_3

6. 下列各组等浓度、等体积的溶液混合后,pH<7 的是(　　)

A. 盐酸和氢氧化钠　　B. 盐酸和氨水

C. 盐酸和氢氧化钡　　D. 醋酸和烧碱

7. 0.01 mol/L 的下列溶液中,pH 最小的是(　　)

A. H_2O　　B. Na_2CO_3　　C. NaOH　　D. NH_4Cl

二、填空题

1. 室温下,有 NaCl、Na_2CO_3、$NaHCO_3$、NH_4Cl、KNO_3、$(NH_4)_2SO_4$ 六种盐溶液,其中 pH 大于 7 的有____________,pH 小于 7 的有____________,pH 等于 7 的有____________。

2. 一般含有 $NaHCO_3$ 的药物可以治疗胃酸过多,但溃疡(胃壁溃烂或穿孔)患者胃酸过多时不能服用此类药物,这是因为____________________。

3. 明矾[$KAl(SO_4)_2 \cdot 12H_2O$]溶液呈______(填“酸”、“碱”或“中”)性,原因是____________________(用离子方程式表示)。

4. 在实验室配制 Na_2S 溶液时,常滴加几滴 NaOH 溶液,原因是____________。

5. 热的纯碱溶液去油污效果更好,纯碱(Na_2CO_3)水解呈碱性,有关的离子方程式是____________,加热能______(填“促进”或“抑制”)水解,溶液的碱性______(填“减弱”或“增强”)。

三、综合题

1. 请给下列盐进行分类,并预测其酸碱性。如果盐能发生水解反应,请写出水解反应的离子方程式。

(1) 硫化钾:盐的分类____________,盐溶液的酸碱性______。

水解反应的离子方程式____________________。

(2) 氯化铝:盐的分类____________,盐溶液的酸碱性______。

水解反应的离子方程式____________________。

(3) 硝酸铜:盐的分类____________,盐溶液的酸碱性______。

水解反应的离子方程式____________________。

(4) 醋酸钠:盐的分类____________,盐溶液的酸碱性______。

水解反应的离子方程式____________________。

2. 临床上可以用乳酸钠($C_3H_5O_3Na$)纠正酸中毒,请运用盐类水解的原理分析其中原因。

3. 盐碱地（含较多的 $NaCl$、Na_2CO_3）不利于农作物生长，通过施加适量石膏可以降低土壤的碱性。试用离子方程式表示盐碱地呈碱性的原因，并分析用石膏降低其碱性的原理。

4. 泡沫灭火器的结构和工作原理如图 5-2 所示，内筒盛有硫酸铝溶液，外筒、内筒之间装有碳酸氢钠溶液。使用时将灭火器倒置，两种溶液立即混合并剧烈反应，产生的大量二氧化碳和氢氧化铝等一起以泡沫的形式喷出，覆盖在可燃物的表面，从而达到灭火的效果。请用盐类水解的原理分析泡沫灭火器产生泡沫的原因，并写出相应的化学方程式和离子方程式。

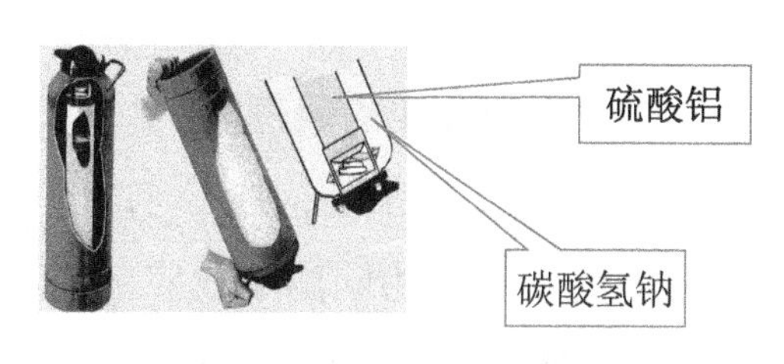

图 5-2　泡沫灭火器的结构和工作原理

第五节　缓冲溶液

学习目标

1. 知道同离子效应、缓冲溶液的概念。

2. 掌握缓冲溶液 pH 的计算和配制方法。

3. 能运用变化观点和平衡思想分析缓冲溶液的作用原理，理解缓冲溶液在医学中的意义。

重点难点

一、缓冲溶液的概念及组成

能对抗外来少量强酸、强碱或经适当稀释而保持溶液 pH 几乎不变的作用称为缓冲作用。具有缓冲作用的溶液称为缓冲溶液。

缓冲溶液中同时含有抗酸和抗碱成分，通常把这两种成分称为缓冲对或缓冲系。抗酸和抗碱成分相差一个 H^+，其中多一个 H^+ 的是共轭酸，充当抗碱成分，少一个 H^+ 的是共轭碱，充当抗酸成分。常见的缓冲对类型及举例见表 5-2。

表 5-2　缓冲对类型及举例

缓冲对类型	举例	抗碱成分	抗酸成分
弱酸-对应的盐	CH_3COOH-CH_3COONa	CH_3COOH	CH_3COONa
弱碱-对应的盐	$NH_3 \cdot H_2O$-NH_4Cl	NH_4Cl	$NH_3 \cdot H_2O$
多元弱酸的酸式盐及其对应的次级盐	$NaHCO_3$-Na_2CO_3	$NaHCO_3$	Na_2CO_3
	NaH_2PO_4-Na_2HPO_4	NaH_2PO_4	Na_2HPO_4

二、缓冲作用的原理

在弱电解质溶液中加入与该弱电解质具有相同离子的强电解质，使弱电解质的解离度降低的现象称为同离子效应。同离子效应在缓冲溶液中起着重要作用。

以 CH_3COOH-CH_3COONa 为例，由于同离子效应，溶液中存在大量的 CH_3COOH 和 CH_3COO^-，其中 CH_3COOH 是抗碱成分，CH_3COO^- 是抗酸成分。

加入少量强酸时，抗酸成分发挥作用，抗酸离子方程式：$CH_3COO^- + H^+ \rightleftharpoons CH_3COOH$。

加入少量强碱时，抗碱成分发挥作用，抗碱离子方程式：$CH_3COOH + OH^- \rightleftharpoons CH_3COO^- + H_2O$。

三、缓冲溶液的 pH 计算和缓冲能力

缓冲溶液的 pH 计算公式：$pH = pK_a + \lg\dfrac{[共轭碱]}{[共轭酸]}$ 或 $pH = pK_a + \lg\dfrac{n_{共轭碱}}{n_{共轭酸}}$

缓冲溶液的缓冲能力是有限度的，影响缓冲能力的主要因素有缓冲对的总浓度和缓冲比$\left(缓冲比=\dfrac{[共轭碱]}{[共轭酸]}\right)$。当缓冲比一定时，总浓度越大，缓冲能力越大。当缓冲溶液总浓度一定时，若缓冲比 = 1，则缓冲溶液的缓冲能力最大；[共轭碱]与[共轭酸]相差越大，缓冲溶液的缓冲能力越小。

缓冲比在 10∶1 到 1∶10 之间，即溶液的 pH 在 $pK_a \pm 1$ 之间时，溶液具有较大的缓冲能力，$pH = pK_a \pm 1$ 称为缓冲溶液的缓冲范围。

例题引领

例 1　在 0.1 mol/L 氨水中加入少量氯化铵晶体，则溶液的 pH(　　)

A. 变大　　B. 变小　　C. 不变　　D. 无法确定

解析　向氨水中加入与其有相同离子的强电解质氯化铵晶体，产生了同离子效应，会抑制氨水的解离，溶液的碱性减弱，pH 变小。故本题选择 B。

答案　B

例 2　已知 25 ℃时 CH_3COOH 的 $pK_a = 4.75$，计算 25 ℃时 0.1 mol/L CH_3COOH 与 0.1 mol/L CH_3COONa 等体积混合后缓冲溶液的 pH。

解析与答案　0.1 mol/L CH_3COOH 与 0.1 mol/L CH_3COONa 等体积混合时浓度减小为原来的一半，故$[CH_3COOH] = [CH_3COONa] = 0.05$ mol/L，则

$$pH = pK_a + \lg\frac{[共轭碱]}{[共轭酸]} = 4.75 + \lg\frac{[CH_3COONa]}{[CH_3COOH]} = 4.75 + \lg\frac{0.05}{0.05} = 4.75$$

达标训练

一、选择题

1. 在氨水中加入下列试剂产生同离子效应的是(　　)

A. 浓氨水　　B. CH_3COOH　　C. NH_4NO_3　　D. HCl

2. 下列各组不是缓冲对的是(　　)

A. $NaH_2PO_4-Na_2HPO_4$　　B. $CH_3COOH-CH_3COONa$

C. $NH_3 \cdot H_2O-NH_4Cl$　　D. HCl-NaCl

3. 下列溶液中缓冲能力最大的是(　　)

A. 混合液中含 0.15 mol/L $NH_3 \cdot H_2O$ 和 0.05 mol/L NH_4Cl

B. 混合液中含 0.05 mol/L $NH_3 \cdot H_2O$ 和 0.15 mol/L NH_4Cl

C. 混合液中含 0.05 mol/L $NH_3 \cdot H_2O$ 和 0.05 mol/L NH_4Cl

D. 混合液中含 0.10 mol/L $NH_3 \cdot H_2O$ 和 0.10 mol/L NH_4Cl

4. 在 0.1 mol/L 醋酸溶液中加入少量醋酸钠固体，则溶液的 pH(　　)

A. 变大　　B. 变小　　C. 不变　　D. 无法确定

5. 将 0.1 mol/L CH_3COOH 溶液加水稀释或加入少量 CH_3COONa 晶体时，都会引起的变化是(　　)

A. 溶液的 pH 增大　　B. CH_3COOH 的解离度变大

C. 溶液中$[OH^-]$减小　　D. 溶液的导电能力减弱

二、填空题

1. 缓冲溶液是由浓度较大的________和________组成。

2. 在弱电解质溶液中加入与该弱电解质具有________的强电解质，使弱电解质的解离度________的现象称为同离子效应。

3. 在醋酸溶液中分别加入少量① 氢氧化钠溶液、② 醋酸钠溶液、③ 盐酸：加入①，解离平衡向________移动；加入②，解离平衡向________移动；加入③，解离平衡向________移动。其中产生同离子效应的是________(填序号)。

4. 血液中存在多种缓冲对，主要有____________、____________、____________，

其中缓冲能力最大的是______________。

5. 影响缓冲溶液缓冲能力的主要因素有________和________。

三、综合题

1. 写出以下物质中能组成的所有缓冲对。

H_2CO_3、$NaHCO_3$、NaH_2PO_4、Na_2HPO_4、$NH_3 \cdot H_2O$、NH_4Cl、H_2SO_4、Na_2SO_4

2. 欲配制 pH=5 的缓冲溶液 200 mL,需要取 0.1 mol/L CH_3COOH 溶液和 0.1 mol/L CH_3COONa 溶液各多少毫升?(已知 CH_3COOH 的 $pK_a=4.75$,$10^{\frac{1}{4}}\approx1.778$)

3. 请以 $NH_3 \cdot H_2O-NH_4Cl$ 为例,说明缓冲作用原理。

无机化学阶段测验一

一、选择题

1. 将 30 mL 0.5 mol/L NaOH 溶液加水稀释到 500 mL,稀释后溶液中 NaOH 的物质的量浓度为(　　)

A. 0.03 mol/L　　B. 0.3 mol/L　　C. 0.05 mol/L　　D. 0.04 mol/L

2. 下列说法正确的是(　　)

A. 氯气的摩尔质量等于它的分子量　　B. 摩尔质量就是物质的量

C. 氧气的摩尔质量是 32 g/mol　　D. 氯气的摩尔质量是 71 g

3. 以下物质中,不具备消毒作用的是(　　)

A. 84 消毒液　　B. 氯水　　C. $Ca(ClO)_2$　　D. N_2

4. 已知某种原子的质量数为 133,中子数为 78,则其质子数为(　　)

A. 78　　B. 188　　C. 55　　D. 23

5. Na_2FeO_4 是一种高效多功能水处理剂,Na_2FeO_4 中铁元素的化合价为(　　)

A. 0　　B. +2　　C. +3　　D. +6

6. 下列说法正确的是(　　)

A. 强电解质一定是离子化合物,弱电解质一定是共价化合物

B. 强电解质一定是易溶化合物,弱电解质一定是难溶化合物

C. SO_3 溶于水后水溶液导电性很强,所以 SO_3 是强电解质

D. 属于共价化合物的电解质在熔融状态下一般不导电

7. 0.5 L 1 mol/L 的 $FeCl_3$ 溶液与 0.2 L 1 mol/L 的 KCl 溶液中,Cl^-浓度比为(　　)

A. 15∶2　　B. 1∶1　　C. 3∶1　　D. 1∶3

8. 把 4 g NaOH 溶解在 500 mL 溶液中,其对应的物质的量浓度为(　　)

A. 1 mol/L　　B. 1 g/L　　C. 0.2 mol/L　　D. 0.2 g/L

9. 下列有关硫、氮单质及其化合物的叙述正确的是(　　)

A. SO_2、NO_2 均为酸性氧化物

B. “雷雨肥庄稼”与氮的固定有关

C. 硫粉在过量的纯氧中燃烧可以生成 SO_3

D. 亚硫酸钠可长期暴露在空气中,不易变质

10. 化学与生活密切相关,下列物质与其用途不符合的是(　　)

A. 过氧化钠:呼吸面具的供氧剂　　B. 三氧化二铁:制作红色颜料

C. 纯碱:治疗胃酸过多症　　D. 小苏打:制作馒头和面包的膨松剂

11. 为了检验某 $FeCl_2$ 溶液是否变质,可向溶液中加入的试剂是(　　)

A. $FeCl_3$溶液　　B. 铁片　　C. KSCN 溶液　　D. 石蕊溶液

12. 下列反应的离子方程式正确的是(　　)

A. 醋酸溶液与氢氧化钠溶液反应: $H^+ + OH^- = H_2O$

B. 盐酸与碳酸钙反应: $CO_3^{2-} + 2H^+ = CO_2\uparrow + H_2O$

C. 向氯化亚铁溶液中通入氯气: $2Fe^{2+} + Cl_2 = 2Fe^{3+} + 2Cl^-$

D. 铁和稀硝酸的反应: $Fe + 2H^+ = Fe^{2+} + H_2\uparrow$

13. 根据反应式: ① $2Fe^{3+} + 2I^- = 2Fe^{2+} + I_2$; ② $Br_2 + 2Fe^{2+} = 2Fe^{3+} + 2Br^-$可判断离子的还原性从强到弱的顺序是(　　)

A. Br^-、Fe^{2+}、Cl^-　　B. I^-、Fe^{2+}、Br^-　　C. Br^-、I^-、Fe^{2+}　　D. Fe^{2+}、I^-、Br^-

14. 将相同质量的两份铝,分别放入足量的氢氧化钠溶液和盐酸中,同温同压下,放出的氢气分子数之比为(　　)

A. 1∶6　　B. 3∶2　　C. 3∶2　　D. 1∶1

15. 已知 $FeCl_3$(棕黄)+3KSCN(无色)$\rightleftharpoons$$Fe(SCN)_3$(血红色)+3KCl, 充分反应后,采取下列措施会导致混合体系颜色加深的是(　　)

A. 向混合体系中加入氯化铁固体　　B. 向混合体系中加入氯化钠固体

C. 向混合体系中加入氯化钾固体　　D. 加水稀释

16. 下列物质中,既含有离子键又含有共价键的是(　　)

A. $MgCl_2$　　B. NaOH　　C. CH_4　　D. K_2S

17. 下列化合物中,不能由单质直接化合而得到的是(　　)

A. NH_3　　B. FeS　　C. $FeCl_2$　　D. $FeCl_3$

18. 对已达平衡状态的反应:$2X(g) + Y(g) \rightleftharpoons 2Z(g)$($\Delta H>0$),降低温度时,下列说法正确的是(　　)

A. 逆反应速率增大,正反应速率减小,平衡向逆反应方向移动

B. 逆反应速率减小,正反应速率增大,平衡向正反应方向移动

C. 正、逆反应速率都减小,平衡向逆反应方向移动

D. 正、逆反应速率都增大,平衡向逆反应方向移动

19. 欲配制 pH=5 的缓冲溶液,下列缓冲对比较适合的是(　　)

A. $CH_3COOH-CH_3COONa$($pK_a=4.75$)　　B. HCOOH-HCOONa($pK_a=3.75$)

C. $NH_3\cdot H_2O-NH_4Cl$($pK_b=4.75$)　　D. $NaH_2PO_4-Na_2HPO_4$($pK_a=7.2$)

20. 下列关于氯气的说法不正确的是(　　)

A. 氯气溶于水后所得溶液可以导电,所以氯气是电解质

B. 氯气和液氯是同一种物质,都属于纯净物

C. 红热的铜丝在氯气中剧烈燃烧,生成棕黄色的烟

D. 工业上常用石灰乳和氯气制备漂白粉,漂白粉的有效成分是 $Ca(ClO)_2$

二、填空题

1. 有 NaCl、$NaHCO_3$、NH_4Cl、$NaNO_3$、$MgCl_2$ 六种盐溶液,其中溶液显酸性的有________________,溶液显碱性的有________________,溶液显中性有________________。

2. 影响化学反应速率的因素,除了反应物本身性质外,还有________、________、________和________等。

3. 如果将红细胞放置于 25 g/L 的葡萄糖溶液中,红细胞将发生 ________现象。

4. 实验室通过 $MnO_2+4HCl(浓)\xlongequal{\triangle}MnCl_2+Cl_2\uparrow+2H_2O$ 进行 Cl_2 的制备,该反应中氧化剂是________,还原剂是________,每生成 1 mol 的 Cl_2,转移电子数目为________。

三、实验探究题

1. 现有以下物质:① Fe;② Cl_2;③ H_2SO_4;④ KOH;⑤ 蔗糖;⑥ H_2O;⑦ NaCl;⑧ $NH_3\cdot H_2O$;⑨ $NaHSO_4$;⑩ Na_2CO_3。按要求填空:

(1) 属于氧化物的是________;属于酸的是________;属于电解质的是__________;属于非电解质的是________;属于强电解质的是________________________。(填序号)

(2) 将 NaCl 分散在酒精中可制备成胶体,区别该分散系和氯化钠水溶液最简单的方法是该分散系可出现 ________。

(3) 检验 NaCl 中是否含有 Cl^-,可以选择的化学试剂为________________________。

(4) 写出 Cl_2 与水反应的离子方程式:____________________。

(5) 已知 Na_2CO_3 溶液中 Na^+的浓度为 0.3 mol/L,则 500 mL 该溶液中含有的 Na_2CO_3 为________g。

2. 用 5 mol/L 的硫酸配制 100 mL 1 mol/L 的硫酸,回答下列问题:

(1) 需要量取 5 mol/L 的硫酸的体积为________mL。

(2) 现有下列几种规格的仪器,完成该实验应该选________。

A. 10 mL 量筒　　B. 50 mL 量筒　　C. 100 mL 容量瓶　　D. 250 mL 容量瓶

(3) 下列情况对所配溶液浓度将有何影响(填"偏高"、"偏低"或"无影响")。

① 容量瓶未干燥就开始转移溶液进入容量瓶:________。

② 稀释浓度大的硫酸后立即转移并定容:________。

③ 量取浓度大的硫酸时俯视读数:________。

④ 在容量瓶中定容时俯视进行定容:________。

3. 在一定条件下,将 3 mol A 和 1 mol B 两种气体混合于固定容积为 2 L 的密闭容器中,发生反应:$3A(g)+B(g)\rightleftharpoons xC(g)+2D(g)$。2 min 末该反应达到平衡,生成0.8 mol

D,并测得 C 的浓度为 0.2 mol/L。请填空：

（1）$x=$________。

（2）温度降低,平衡向右移动,则正反应是________（填“放热”或“吸热”）反应。

（3）B 的转化率为________。

（4）能判断该反应达到平衡状态的依据是(　　)

A. 混合气体的密度不变

B. 容器中的压强不再变化

C. 生成 D 的反应速率是生成 B 的反应速率的 2 倍

D. 单位时间内生成 3 mol A,同时生成 1 mol B

四、简答题

1. 何为缓冲溶液？人体内主要的酸碱缓冲对有哪些？其中缓冲能力最大的缓冲对是什么？描述其缓冲原理。

2. 溶胶的性质有哪些？溶胶与高分子溶液具有稳定性的原因有哪些？用哪些方法可以破坏它们的稳定性？

五、计算题

1. 将 50 g/L 的葡萄糖($C_6H_{12}O_6$)溶液和 9 g/L 的 NaCl 溶液以体积比为 2∶1 混合后，求混合溶液的渗透浓度。该混合溶液与人体血浆相比为何种渗透溶液？(忽略混合后体积的变化)

2. 将 100 mL 0.1 mol/L 的 CH_3COOH 溶液和 50 mL 0.1 mol/L 的 CH_3COONa 溶液混合配制成缓冲溶液,求此溶液的 pH。(CH_3COOH 的 pK_a 为 4.75, lg2=0.3)

无机化学阶段测验二

一、选择题

1. 下列说法正确的是(　　)

A. 1 mol 任何气体所占的体积都约为 22.4 L

B. 在标准状况下,0.5 mol SO_2 与 0.5 mol H_2S 混合气体的体积约是 22.4 L

C. 同温同体积的两种气体,密度之比等于其分子量之比

D. 同温同压的两种气体,物质的量之比等于其体积之比

2. 将 30 mL 0.5 mol/L NaOH 溶液加水稀释到 500 mL,稀释后溶液中 NaOH 的物质的量浓度为(　　)

A. 0.03 mol/L　　B. 0.3 mol/L　　C. 0.05 mol/L　　D. 0.04 mol/L

3. 对于相同质量的二氧化硫和三氧化硫来说,下列关系正确的是(　　)。

A. 含氧原子的个数比为 2∶3　　B. 含硫元素的质量比是 4∶5

C. 含氧元素的质量比为 5∶6　　D. 含硫原子的个数比为 2∶1

4. 下列叙述中说法错误的是(　　)

A. 配合物必定是含有配离子的化合物

B. 配位键由配体提供孤对电子,形成体接受孤对电子而形成

C. 配合物的内界通常比外界更不易解离

D. 配位键与共价键没有本质区别

5. 要配制 0.2 mol/L 的 NaOH 溶液 1 L,需要 2 mol/L 的 NaOH 溶液的体积是(　　)

A. 2 L　　B. 1 L　　C. 0.5 L　　D. 0.1 L

6. 某温度下,反应 $H_2(g)+I_2(g) \rightleftharpoons 2HI(g)$ ($\triangle H<0$) 在密闭容器中达到平衡,降低温度,则(　　)

A. 平衡逆向移动　　B. 平衡正向移动

C. 容器内 H_2 的质量分数增大　　D. 容器内气体颜色加深

7. 已知气体反应 A+3B $=\!=\!=$ 2C+D,在某时间段内以 A 的浓度变化表示化学反应速率为 1 mol/(L · min),则此时间段内以 C 的浓度变化表示化学反应速率为(　　)

A. 0.5 mol/(L · min)　　B. 1 mol/(L · min)

C. 2 mol/(L · min)　　D. 3 mol/(L · min)

8. 下列物质中属于非电解质的是(　　)

A. 氨　　B. 二氧化碳　　C. 硫酸铵　　D. 氯化钠

9. $[Co(NH_3)_6]Cl_3$ 是一种重要的催化剂,下列关于 $[Co(NH_3)_6]Cl_3$ 的说法错误的是(　　)

A. 中心离子是 Co^{3+}　B. 配位数是 3　　C. 外界离子是 Cl^-　D. 配位体是 NH_3

10. 下列关于气溶胶的说法错误的是(　　)

A. 气溶胶是一种分散系　　B. 气溶胶能发生丁铎尔效应

C. 喷嚏气溶胶的分散质是其中的水蒸气　D. 气溶胶中存在直径为 1~100 nm 的粒子

11. 如图所示,将淀粉胶体和食盐溶液的混合物放入半透膜的袋子中,再放入蒸馏水中,一段时间后,Na^+ 和 Cl^- 通过半透膜进入蒸馏水中,重复几次,可以得到纯净的淀粉胶体,该方法称为渗析。下列说法中不正确的是(　　)

A. 粒子直径小于 1 nm(10^{-9} m)的分子和离子能通过半透膜

B. 淀粉分子的直径在 1~100 nm 之间

C. 渗析法可以用来提纯胶体

D. 用滤纸可以分离胶体和溶液

第 11 题图

12. 反应 $A(g)+2B(g) \xlongequal{\triangle} C(g)+D(g)$,在四种不同情况下的反应速率如下,其中反应速率最大的是(　　)

A. $v(A)=0.15$ mol/(L·min)　　B. $v(B)=0.6$ mol/(L·min)

C. $v(C)=0.4$ mol/(L·min)　　D. $v(D)=0.02$ mol/(L·s)

13.下列叙述正确的是(　　)

A. 1 mol 任何气体的体积都为 22.4 L

B. 1 mol 任何物质在标准状况下所占的体积都为 22.4 L

C. 标准状况下,1 mol 水所占的体积是 22.4 L

D. 相同的温度和压强条件下,相同物质的量的气体体积相等

14. 下列物质的水溶液由于水解而呈碱性的是(　　)

A. $NaHSO_4$　　B. Na_2SO_4　　C. $NaHCO_3$　　D. NH_3

15. 配制一定物质的量浓度的溶液是一个重要的定量实验,下列说法正确的是(　　)

A. 容量瓶用蒸馏水洗净后,必须干燥才能用于配制溶液

B. 配制 1 L 0.1 mol/L 的 NaCl 溶液,用托盘天平称量 NaCl 固体时,药品和砝码左右位置颠倒,对实验结果无影响

C. 配制一定物质的量浓度的溶液时,定容时仰视刻度线会导致所配溶液浓度偏高

D. 用浓盐酸配制稀盐酸,量取浓盐酸时仰视量筒的刻度线会导致所配溶液浓度偏高

16. 下列说法中正确的是(　　)

A. 在氧化还原反应中,得到电子的物质称为还原剂

B. 可逆反应的特点是在封闭的反应体系中反应不能进行到底

C. 溶液和溶剂用半透膜隔开,溶液的液面会不停上升

D. 氢键是一种化学键

17. 欲配制 pH=7.4 的缓冲溶液,下列缓冲对比较适合的是(　　)

A. $CH_3COOH-CH_3COONa(pK_a=4.75)$　　B. $HCOOH-HCOONa(pK_a=3.75)$

C. $NH_3 \cdot H_2O-NH_4Cl(pK_b=4.75)$　　D. $NaH_2PO_4-Na_2HPO_4(pK_a=7.2)$

18. 下列说法错误的是(　　)

A. 工业盐酸呈现亮黄色原因是含有 Fe^{3+}

B. 将 $Fe(OH)_3$ 固体溶于盐酸的离子方程式为 $Fe(OH)_3+3H^+ = Fe^{3+}+3H_2O$

C. 向氢氧化钡溶液中加入稀硫酸的离子方程式为 $Ba^{2+}+OH^-+H^++SO_4^{2-} = BaSO_4\downarrow+H_2O$

D. 碘在碘化钾溶液中的溶解度明显大于碘在水中的溶解度

19. ${}^{131}_{53}I$ 是常规核裂变产物之一,可以通过测定大气或水中 ${}^{131}_{53}I$ 的含量变化来检测核电站是否发生放射性物质泄漏。下列有关 ${}^{131}_{53}I$ 的叙述中错误的是(　　)

A. ${}^{131}_{53}I$ 的化学性质与 ${}^{127}_{53}I$ 相同　　B. ${}^{131}_{53}I$ 与 ${}^{127}_{53}I$ 是同一种核素

C. ${}^{131}_{53}I$ 的中子数为 78　　D. ${}^{131}_{53}I$ 与 ${}^{127}_{53}I$ 互为同位素

20. 下列反应的离子方程式书写正确的是(　　)

A. H_2SO_4 溶液与氨水反应:$H^++OH^- = H_2O$

B. CuO 与稀盐酸反应:$CuO+2H^+ = Cu^{2+}+H_2O$

C. $CaCO_3$ 与盐酸反应:$CO_3^{2-}+2H^+ = H_2O+CO_2\uparrow$

D. Cl_2 与氢氧化钠溶液反应:$Cl_2+2OH^- = 2ClO^-+H_2O$

二、填空题

1. 血液的 pH 总是维持在 7.35~7.45 之间,主要因为人体血液中存在大量的酸碱缓冲对,其中缓冲能力最大的是____________________。

2. 在弱电解质溶液中加入与该弱电解质具有________的强电解质,使弱电解质的解离度________的现象称为同离子效应。

3. 下列物质:KNO_3、KCl、$C_6H_{12}O_6$、H_2SO_4、H_2CO_3、$NH_3 \cdot H_2O$、Cl_2 中,属于强电解质的是__________________;属于弱电解质的是____________________________。

4. 化学平衡是动态的平衡,一旦外界条件改变,化学平衡就会移动,影响化学平衡的主要因素有________、________和________。

5. 在反应 $2Fe+3Cl_2(浓) \xlongequal{\triangle} 2FeCl_3$ 中,氧化剂是________,还原剂是________。

三、推断题

元素周期表是指导化学学习的重要工具,下图为元素周期表的一部分,请按要求填空:

			N		F	
Mg	Al			S	Cl	

(1) N在元素周期表中的位置是______________;N和F处于同一行,是由于它们的______________相同。

(2) 以上元素中,原子半径最小的是________(写元素符号);最高价氧化物对应水化物中酸性最强的是____________________(写化学式)。

(3) Mg和Al中,金属性较强的是________(写元素符号),写出一条能说明该结论的事实:____________________。

(4) S和Cl中,非金属性较强的是________(写元素符号),下列说法中不能说明该结论的是(　　)

A. 氯气与铁反应生成$FeCl_3$,硫与铁反应生成FeS

B. 把Cl_2通入H_2S溶液中能发生置换反应

C. 受热时H_2S易分解,HCl不易分解

D. 单质硫是固体,氯的单质是气体

四、简答题

1. 试分析CH_3COOH-CH_3COONa缓冲对的缓冲作用原理。

2. 请解释临床上为什么常用氯化铵纠正碱中毒,用乳酸钠($NaC_3H_5O_3$)纠正酸中毒。(乳酸分子式为$C_3H_6O_3$,为有机弱酸)

五、计算题

1. 有Na_2CO_3和$NaHCO_3$固体混合物137 g,与500 mL盐酸恰好完全反应,此时生成的CO_2气体体积为33.6 L(标准状况)。求混合物中Na_2CO_3和$NaHCO_3$的物质的量及盐酸的物质的量浓度。

2. 常温下,将200 mL 0.01 mol/L NaOH溶液与100 mL 0.01 mol/L $Ba(OH)_2$溶液混合(混合后体积变化忽略不计)。求混合后溶液的$c(H^+)$和pH。

第六章

开启有机化学之旅——烃

知识领航

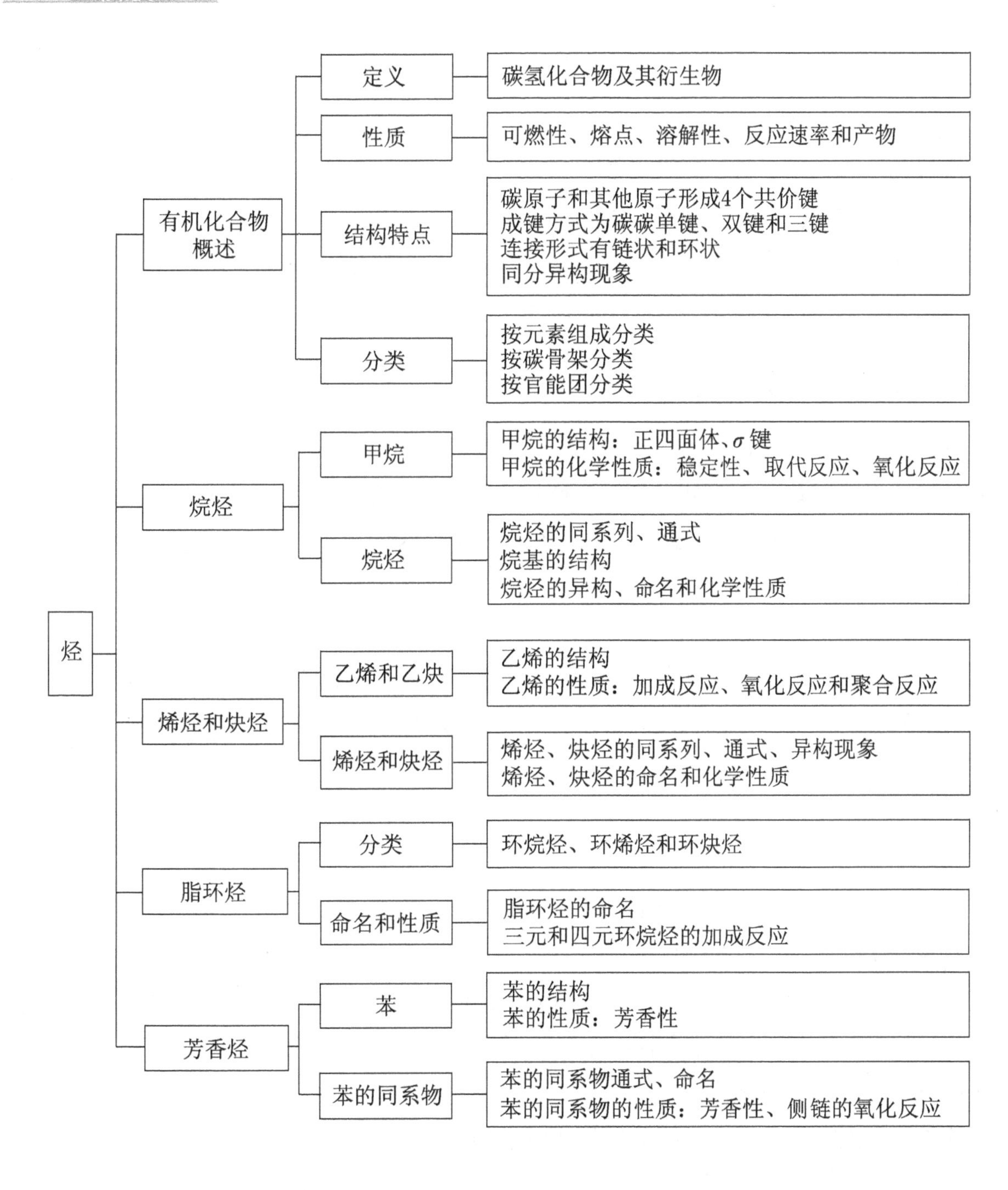

第一节　有机化合物概述

学习目标

1. 掌握有机化合物的概念及有机化合物的结构特点。
2. 熟悉有机化合物的性质及官能团的定义。
3. 理解同系物、同分异构体的概念。

重点难点

一、有机化合物的概念

有机化合物的定义为碳氢化合物及其衍生物。研究碳氢化合物及其衍生物的组成、结构、性质及其变化规律的科学称为有机化学。

二、有机化合物的性质

有机化合物有以下性质:对热不稳定,易燃烧;熔点、沸点较低;难溶于水而易溶于有机溶剂;反应速率较慢,产物复杂,副反应多。

三、有机化合物的结构特点

碳原子间可形成碳碳单键、碳碳双键和碳碳三键。有机化合物中碳原子和其他原子总是形成4个共价键。有机化合物基本碳链骨架可分为链状和环状两类。

分子式相同而结构不同的化合物互称为同分异构体,这种现象称为同分异构现象。有机化合物普遍存在同分异构现象。

四、有机化合物的分类

有机化合物重要的分类包括:按元素组成分为烃和烃的衍生物;按碳骨架分为开链化合物、碳环化合物和杂环化合物;按官能团分为烯烃、炔烃、醇、酚、醚、醛、酮和羧酸等。

例题引领

例1　下列物质属于有机物的是____________________。(填序号)

① CO　② CH_4　③ C_2H_5OH(乙醇)　④ H_2CO_3　⑤ CCl_4　⑥ $C_6H_{12}O_6$(葡萄糖)　⑦ KSCN　⑧ $NaHCO_3$　⑨ $CO(NH_2)_2$(尿素)　⑩ C_2H_2

解析　有机化合物定义为碳氢化合物及其衍生物,都含碳,但选项中的CO、H_2CO_3、KSCN、$NaHCO_3$等简单含碳化合物仍然视为无机物。

答案　②③⑤⑥⑨⑩

例2　有机物分子中的碳原子与其他原子的结合方式是(　　)

A. 形成两个共价键　　　　B. 通过非极性键

C. 形成四对共用电子对　　　　　　　D. 通过离子键和共价键

解析　碳元素位于第2周期ⅣA族，最外层有4个电子。在有机化合物结构中，碳原子和其他原子间形成4个共用电子对，呈4价。

答案　C

例3　下列物质中，互为同分异构体的是________。（填序号）

① $CH_3—CH_2—\underset{\underset{\displaystyle CH_3}{|}}{CH}—CH_3$　　　② $CH_3—CH_2—\overset{\overset{\displaystyle CH_3}{|}}{CH}—CH_2—CH_3$

③ $CH_3—\overset{\overset{\displaystyle CH_3}{|}}{\underset{\underset{\displaystyle CH_3}{|}}{C}}—CH_3$　　　④ $CH_3—CH_2—\overset{\overset{\displaystyle CH_2—CH_3}{|}}{CH}—CH_3$

解析　分子组成相同，结构不同的化合物互称同分异构体。4个化合物中，①和③的分子式都为C_5H_{12}，且结构不相同，所以①和③为同分异构体。②和④的碳骨架是相同的，因此是同一分子。

答案　①和③

达标训练

一、选择题

1. 有机物分子中碳原子与其他原子之间相结合的化学键为(　　)

A. 只有共价单键　　　　　　　　B. 只有共价双键

C. 共价单键、双键或三键　　　　D. 只有离子键

2. 已知乙酸的结构简式为 $CH_3—\overset{\overset{\displaystyle O}{\|}}{C}—OH$，其官能团是(　　)

A. 甲基($—CH_3$)　　　　　　　B. 羧基($—\overset{\overset{\displaystyle O}{\|}}{C}—OH$)

C. 羰基($—\overset{\overset{\displaystyle O}{\|}}{C}—$)　　　　　　　D. 羟基($—OH$)

3. 下列都是有机化合物的特性，除了(　　)

A. 难溶于水　　B. 溶、沸点较低　　C. 热稳定性好　　D. 易燃烧

4. 有机化合物中，碳原子的成键方式不包括(　　)

A. 共价单键　　B. 共价双键　　C. 共价三键　　D. 离子键

5. 同分异构现象主要涉及的不同是(　　)

A. 分子量　　B. 分子结构　　C. 分子极性　　D. 分子形状

6. 下列有机化合物中易溶于水的是(　　)

A. CH_3CH_3　　B. $CH_2=CH_2$　　C. $CH\equiv CH$　　D. CH_3CH_2OH

7. 下列关于有机化合物结构特点的叙述,正确的是(　　)

A. 有机化合物分子中原子间都以单键相连

B. 有机化合物分子中的碳原子都呈饱和状态

C. 有机化合物分子中的碳原子都与四个原子或原子团相连

D. 有机化合物分子中的碳原子可以相互连接成链状或环状

8. 以下物质中,不属于有机溶剂的是(　　)

A. 水　　B. 乙醇　　C. 汽油　　D. 二甲苯

9. 下列结构简式正确的是(　　)

A. $$\begin{array}{ccccccc} CH_3 & & & & CH_3 & & \\ | & & & & | & & \\ CH & - & C & = & C & - & CH_3 \\ | & & | & & & & \\ CH_3 & & CH_3 & & & & \end{array}$$

B. $$\begin{array}{ccccccc} CH_3 & & & & CH_3 & & \\ | & & & & | & & \\ CH_2 & - & C & - & C & - & CH_3 \\ & & | & & & & \\ & & CH_3 & & & & \end{array}$$

C. $$\begin{array}{ccccccc} CH_3 & - & C & - & N & - & CH_3 \\ & & \| & & & & \\ & & O & & & & \end{array}$$

D. $$\begin{array}{ccccccccc} HC & \equiv & C & - & CH_2 & - & NH & - & CH_3 \\ & & & & & & | & & \\ & & & & & & CH_3 & & \end{array}$$

二、填空题

1. 碳原子最外层有________个电子,能与其他原子形成________个共用电子对。

2. 有机化合物中,碳原子之间的成键方式有________、________、________。

3. 有机化合物中,多个碳原子可以相互结合成________状,也可以结合成________状。

4. ________相同,________不同的化合物互称同分异构体。

三、综合题

1. 燃烧法是测定有机物分子式的一种重要方法。完全燃烧 0.2 mol 某碳氢化合物后,生成标准状况下二氧化碳 17.92 L,水 18 g,请通过计算确定该碳氢化合物的分子式。

2. 下列结构简式还没有书写完整,请补充氢原子。

① $$\begin{array}{ccccccccc} C & - & C & - & C & - & O & - & C \\ & & & & | & & & & \\ & & & & C & & & & \end{array}$$

② $$\begin{array}{ccccccccc} & & C & & C & & & & \\ & & | & & | & & & & \\ C & - & C & - & C & - & C & - & C \\ & & & & | & & & & \\ & & & & C & & & & \end{array}$$

```
     O  C
     ‖  |
③ C—C—C—C—N
        |
        C
```

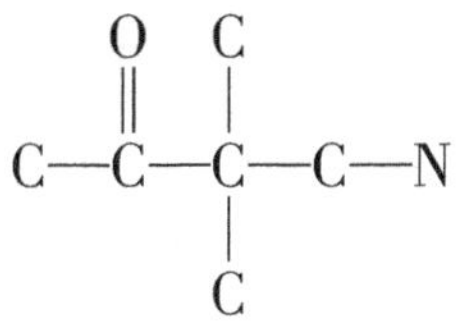

```
          C  C  O
          |  |  ‖
④ C—C═C—C—C—O
             |
             C
```

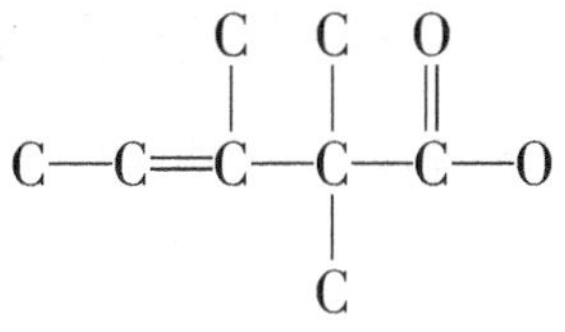

第二节　饱和链烃——烷烃

学习目标

1. 掌握甲烷的结构特点、烷烃的概念和分子通式。
2. 认识烷烃的结构特征，掌握烷烃取代反应。
3. 了解生活中的常见的烷烃，知道烷烃在改善人类生活水平中的重要作用。

重点难点

一、甲烷

甲烷分子为正四面体空间构型，碳原子位于正四面体的中心，4 个氢原子分别位于正四面体的 4 个顶点，结构中化学键的夹角为 109°28′。

甲烷的化学性质
- 氧化反应：甲烷在空气或氧气中燃烧生成二氧化碳和水
- 取代反应：甲烷和氯气在光照或加热条件下，发生取代反应

二、烷烃

有机化合物中，碳原子之间均以单键相连的开链烃称为饱和链烃，也叫烷烃。

结构相似、性质相近、组成上相差一个或几个 CH_2 的一系列化合物称为同系列。同系列中的化合物之间互称为同系物，CH_2 称为同系列的系差。

烷烃的通式为 C_nH_{2n+2}，凡是分子式满足该通式的化合物都属于烷烃。

4 个及 4 个以上碳原子的烷烃存在同分异构现象。如戊烷（C_5H_{12}）有 3 种同分异构体，己烷（C_6H_{14}）有 5 种同分异构体。随着烷烃分子中碳原子数的增多，其同分异构体的数量迅速增多。

烷烃的命名包括普通命名和系统命名，普通命名时，注意有“正、异、新”的用法。一些烷基的命名是基于普通命名的，如“异丙基”等。

烷烃的系统命名是其他有机物命名的基础,必须熟练掌握烷烃的系统命名。烷烃系统命名的核心是正确选择主链和给主链碳原子编号,特点是“一长、二多、三小”,具体如下:① 选最长碳链作主链,支链部分的烷基看作取代基;② 有多个选主链的情况时,选取代基最多的碳链作主链;③ 从靠近取代基的一端,对主链碳原子依次编号,使取代基的位置最小。

例题引领

例 1 下列关于甲烷的叙述正确的是( )

A. 甲烷分子的立体构型是正四面体,所以 CH_2Cl_2 有两种不同构型

B. 甲烷可以与氯气发生取代反应,因此,可以使氯水褪色

C. 甲烷能够燃烧,在一定条件下会发生爆炸,因此,是矿井安全的重要威胁之一

D. 甲烷能使酸性 $KMnO_4$ 溶液褪色

解析 CH_2Cl_2 的空间构型为正四面体,因此不存在同分异构体,A 错误;甲烷和氯气在光照的条件下可发生取代反应,但不和氯水反应,B 错误;不纯的甲烷点燃易爆炸,是矿井安全的重要威胁之一,C 正确;甲烷化学性质稳定,不能被高锰酸钾氧化,D 错误。故选 C。

答案 C

例 2 下列叙述错误的是( )

A. 通常情况下,甲烷跟强酸、强碱和强氧化剂(如酸性高锰酸钾等)都不反应

B. 甲烷化学性质稳定,不能被任何氧化剂氧化

C. 甲烷与 Cl_2 反应无论生成 CH_3Cl、CH_2Cl_2、$CHCl_3$ 还是 CCl_4,都属于取代反应

D. 甲烷的四种氯代产物中,一种为气态,其余三种为液态

解析 甲烷化学性质比较稳定,跟强酸、强碱、强氧化剂都不反应,A 正确;甲烷可以燃烧,能与氧气发生氧化反应,B 错误;甲烷是饱和链烃,跟氯气在光照条件下发生取代反应,生成 CH_3Cl、CH_2Cl_2、$CHCl$ 和 CCl_4 的混合物,C 正确;甲烷的四种氯代物中只有一氯甲烷是气态,其余三种为液态,D 正确。故选 B。

答案 B

达标训练

1. 下列物质属于烃类的是( )

A. C_2H_4O　　B. C_4H_8　　C. CH_2Cl_2　　D. $C_6H_5NO_2$

2. 下列关于烷烃的叙述中,正确的是( )

A. 都能使酸性高锰酸钾溶液褪色

B. 常温下都是气体

C. 密度随碳原子的增多而增大,且都比水大

D. 完全燃烧后产物都是 CO_2 和 H_2O

3. 下列有机物的系统命名正确的是(　　)

A. 3-甲基-2-乙基戊烷　　　　B. 1-甲基丁烷

C. 3,4,4-三甲基己烷　　　　D. 2,3,3-三甲基-4-乙基己烷

4. 有关化学用语及相关内容不正确的是(　　)

A. 甲烷分子的比例模型:

B. 甲基的电子式:

$$\begin{array}{c} H \\ \cdot\cdot \\ C : H \\ \cdot\cdot \\ H \end{array}$$

C. 甲烷分子的球棍模型:

D. 甲基的结构简式:$—CH_3$

5. 下列关于 CH_4 的描述正确的是(　　)

A. 是平面结构　　　　B. 是极性分子

C. 含有非极性键　　　　D. 结构式为

$$\begin{array}{c} H \\ | \\ H—C—H \\ | \\ H \end{array}$$

6. 下面列举了4个碳原子相互结合的6种方式(氢原子没有画出),补上氢原子后符合通式 C_nH_{2n+2}的有(　　)

① C—C—C—C　　② C—C—C═C　　③ C—C═C—C

$$④\ \begin{array}{c} C \\ | \\ C—C═C \end{array}\qquad ⑤\ \begin{array}{c} C \\ | \\ C—C—C \end{array}\qquad ⑥\ \begin{array}{c} C—C \\ |\quad\ \ | \\ C—C \end{array}$$

A. ②③　　B. ①⑤　　C. ②③④　　D. ①⑤⑥

7. 以下结构表示的物质中属于烷烃的是(　　)

A. CH≡CH　　B. $CH_3(CH_2)_3CH_3$　　C. CH_3CH_2OH　　D. (苯环)

8. 下列有关甲烷的叙述不正确的是(　　)

A. 甲烷的二氯代物只有一种

B. 甲烷化学性质稳定,通常情况下不与强酸、强碱、氧化剂反应

C. 烷烃跟卤素单质在光照条件下能发生取代反应

D. 1 mol 甲烷在光照条件下最多可以和 2 mol Cl_2 发生取代反应

9. 丁烷(C_4H_{10})是家用液化石油气的成分之一,也用作打火机的燃烧剂,下列关于丁烷的叙述错误的是(　　)

A. 在常温下，C_4H_{10}是气体　　　　B. C_4H_{10}与 CH_4 互为同系物

C. 正丁烷和异丁烷互为同分异构体　　　　D. 正丁烷中四个碳原子在同一直线上

10. 2022 年北京冬奥会秉承“绿色、低碳、可持续”的理念，冬奥会火炬采用的燃料是(　　)

A. H_2　　　　B. C_2H_6　　　　C. C_3H_8　　　　D. CH_4

二、填空题

1. 下图是 A、B、C 三种烃的球棍模型。

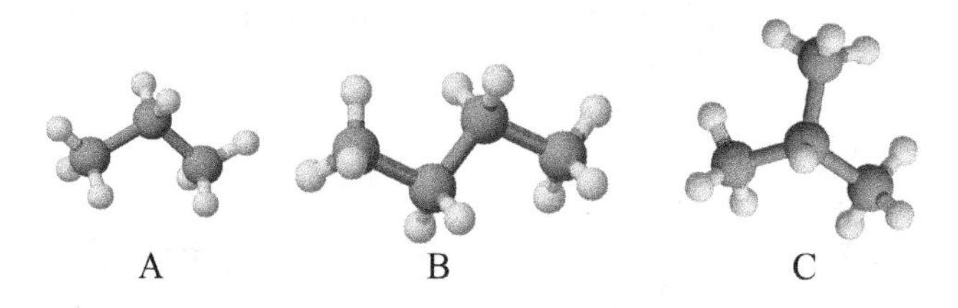

A 的结构简式是________，名称是_______；B 的结构简式是________，名称是_______；C 的结构简式是____________，名称是_______。B 与 C 互为_______（填“同系物”或“同分异构体”）。

2. 下列各组物质中：① O_2 和 O_3；② ^{12}C 和 ^{14}C；③ 异戊烷和新戊烷；④ $H-\overset{\displaystyle Cl}{\underset{\displaystyle H}{C}}-Cl$ 和

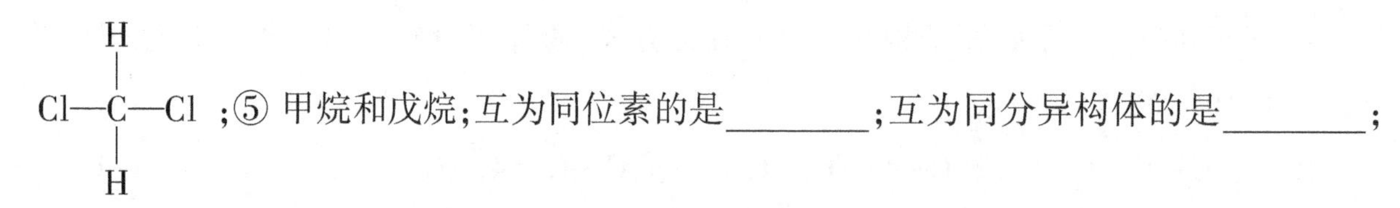

；⑤ 甲烷和戊烷；互为同位素的是_______；互为同分异构体的是_______；互为同系物的是_______；为同一种物质的是_______；互为同素异形体的是_______。（填序号）

三、综合题

1. 用系统命名法命名下列化合物或写出化合物的结构简式。

（1）$CH_3-\overset{\displaystyle CH_3}{\underset{\displaystyle CH_3}{C}}-CH_2-CH_3$

（2）$CH_3-\overset{\displaystyle CH_3}{\underset{\displaystyle CH_3}{C}}-CH_2-\overset{\displaystyle CH_2CH_3}{CH}-CH_2-CH_3$

（3）2,4-二甲基戊烷

（4）2,2,4-三甲基戊烷

2. 写出6个碳烷烃的分子式和所有同分异构体,并命名。

第三节　不饱和链烃——烯烃和炔烃

学习目标

1. 掌握烯烃及炔烃的结构特点和命名。

2. 能以典型代表物乙烯和乙炔为例,理解不饱和链烃的加成反应和氧化反应,并掌握不饱和链烃的鉴别方法。

3. 了解乙烯在石油化工工业中的重要地位,以及我国的乙烯生产和石油化工居于国际领先的现状,增强民族自豪感和自信心。

重点难点

一、乙烯和乙炔

分子中含有碳碳双键或碳碳三键的链烃,由于其氢原子数目少于相应的烷烃,因此被称为不饱和链烃。

乙烯($CH_2{=}CH_2$)的官能团为碳碳双键。乙炔($CH{\equiv}CH$)的官能团为碳碳三键。

烯烃的碳碳双键中1个键为σ键,另1个键为π键;炔烃的碳碳三键中1个键为σ键,另2个键为π键。π键活泼,在化学反应中容易断裂。因此乙烯和乙炔的化学性质比较活泼,容易发生加成、氧化和聚合反应:

(1) 加成反应:与H_2、卤素、卤化氢等发生加成反应。

(2) 氧化反应:可以被酸性高锰酸钾氧化,可燃。

(3) 聚合反应:乙烯聚合生成聚乙烯,乙炔聚合生成苯。

上述性质中,与溴水加成可以使溴水褪色,被酸性高锰酸钾氧化可以使高锰酸钾褪色,两者可以用于乙烯和乙炔的鉴别。

二、烯烃和炔烃

分子中含有碳碳双键的链烃为烯烃,碳碳双键是烯烃的官能团。烯烃的通式为C_nH_{2n}。烯烃除了存在碳链异构以外,还存在碳碳双键的位置异构等。

烯烃的命名在烷烃命名的基础上进行。由于烯烃结构中存在碳碳双键,所以命名时要优先考虑双键。选主链和烷烃相似,但注意:① 选含双键的最长碳链作为主链;② 以靠近双键的一端为起点,为主链碳原子编号。

和乙烯相同,烯烃的化学性质比较活泼,容易发生加成、氧化和聚合反应。

当丙烯和溴化氢发生加成反应时,主要产物是2-溴乙烷,即溴化氢分子中的氢原子加到含氢较多的双键碳原子上。这个规律也适用于类似的化学反应,被称为马氏规则。

烯烃可以用溴水和酸性高锰酸钾鉴别。

炔烃的通式为 C_nH_{2n-2},炔烃的官能团为碳碳三键,炔烃的命名、性质和乙炔相似。

例题引领

例 1 下列物质,不可能是乙烯发生加成反应的产物的是(　　)

A. CH_3CH_3　　B. CH_3CHCl_2　　C. CH_3CH_2Br　　D. CH_2BrCH_2Br

解析 乙烯加成是断开一个不饱和键,分别在双键两端的不饱和碳原子上连接一个原子或原子团,如果去掉加上去的成分应恢复为乙烯的结构。只有 B 项不符合这一要求。

答案 B

例 2 下列反应中不属于加成反应的是(　　)

A. 乙炔与氯气反应　　B. 丙烯和 HCl 气体反应

C. 乙烯和酸性高锰酸钾溶液反应　　D. 乙烯与 HCl 气体反应

解析 有机化合物分子中的双键或三键中的 π 键断裂,加入其他原子或原子团的反应,称为加成反应。乙炔与氯气可以发生加成反应;丙烯、乙烯和 HCl 可以发生加成反应;乙烯使酸性高锰酸钾溶液褪色,属于氧化反应。

答案 C

达标训练

1. 下列关于烯烃的说法中,正确的是(　　)

A. 烯烃分子中都含有碳碳双键　　B. 烯烃的通式是 C_nH_{2n+2}

C. 烯烃在常温常压下都是气态　　D. 烯烃不能使酸性高锰酸钾褪色

2. 下列选项中,只有 1 个不能使溴水褪色,该化合物是(　　)

A. 丙烯　　B. 环丙烷　　C. 乙烯　　D. 丁烷

3. 下列关于炔烃的说法中,错误的是(　　)

A. 炔烃分子中含有碳碳三键　　B. 炔烃的通式是 C_nH_{2n-2}

C. 炔烃比烯烃更容易发生加成反应　　D. 炔烃能够使酸性高锰酸钾溶液褪色

4. 下列反应中,不属于炔烃加成反应的是(　　)

A. 炔烃与氢气反应　　B. 炔烃与溴水反应

C. 炔烃与酸性高锰酸钾溶液反应　　D. 炔烃与溴化氢反应

5. 烯烃与卤素单质发生加成反应时，生成的产物通常是(　　)

A. 二卤代烷烃　　B. 卤代烯烃　　C. 卤代炔烃　　D. 卤化氢

6. 下列关于烯烃和烷烃的性质比较，不正确的是(　　)

A. 烯烃比烷烃更稳定

B. 烯烃能使酸性高锰酸钾溶液褪色，烷烃不能

C. 一定条件下，烯烃和烷烃都能与氯气反应

D. 烯烃和烷烃都能燃烧

7. 下列化合物中，属于炔烃的是(　　)

A. 乙烷　　B. 乙烯　　C. 乙炔　　D. 丙醇

8. 丙烯是重要的化工原料，下列有关丙烯的说法错误的是(　　)

A. 与溴水混合后可发生加成反应　　B. 能使酸性高锰酸钾溶液褪色

C. 与氯化氢混合发生取代反应　　D. 在催化剂存在下可以制得聚丙烯

9.下列命名中，错误的是(　　)

A. 2-戊炔　　B. 1-丁炔　　C. 3-己炔　　D. 4-丁炔

二、填空题

1. 1-丁烯与溴的四氯化碳溶液发生加成反应，生成________________。

2. 烯烃命名时，主链应选择含有________的最长碳链。命名中，编号应从________的一端开始。

3. 不对称烯烃与溴化氢加成时，氢原子总是加在 ________ 的碳原子上，该规则称为____________________。

4. 烯烃分子中，与双键碳原子直接相连的原子处于________平面上，双键碳原子的键角为____________。

三、综合题

1. 用系统命名法命名下列化合物或写出化合物的结构简式。

① $CH_2{=}C(CH_3){-}CH_3$

② $CH_2{=}C(CH_3){-}CH_2{-}CH_3$

③ $CH_3{-}C(CH_3){=}CH{-}CH_3$

④ $CH_3{-}C{\equiv}C{-}CH_3$

⑤ $\begin{array}{l} \qquad\qquad\qquad\quad CH_3 \\ \qquad\qquad\qquad\quad | \\ CH_3—C\equiv C—CH—CH_3 \end{array}$

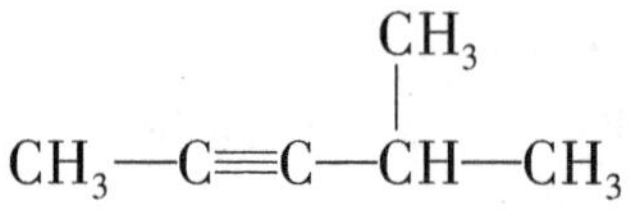

⑥ $\begin{array}{l} \qquad\qquad\qquad\quad CH_3 \\ \qquad\qquad\qquad\quad | \\ CH_3—C\equiv C—C—CH_3 \\ \qquad\qquad\qquad\quad | \\ \qquad\qquad\qquad\quad CH_2—CH_3 \end{array}$

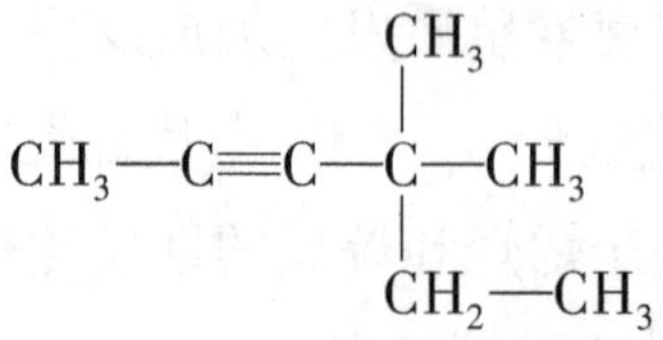

⑦ 2-甲基-2-丁烯　　⑧ 3-甲基-1-戊炔　　⑨ 2,3-二甲基-1-戊烯

2. 完成下列反应式。

（1） $CH_3—CH=CH_2+H_2 \xrightarrow{Ni}$

（2） 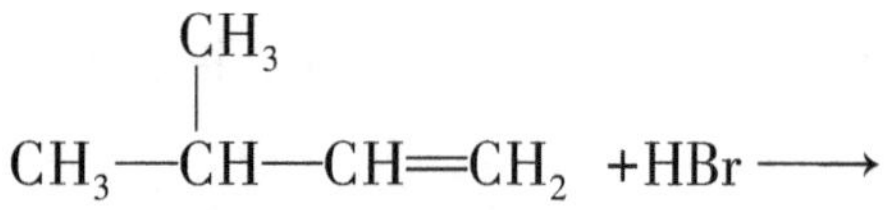 $\begin{array}{l} \qquad\quad CH_3 \\ \qquad\quad | \\ CH_3—CH—CH=CH_2 \end{array}$ $+HBr \longrightarrow$

（3） $HC\equiv CH + 2HBr \longrightarrow$

（4） 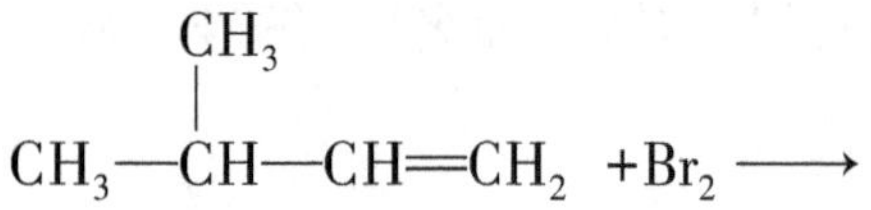 $\begin{array}{l} \qquad\quad CH_3 \\ \qquad\quad | \\ CH_3—CH—CH=CH_2 \end{array}$ $+Br_2 \longrightarrow$

3. 某烃链分子组成为 C_4H_8，能使酸性高锰酸钾溶液褪色，能和 HBr 发生反应，生成 2-甲基-2-溴丙烷。请写出该烃的结构简式和名称，并写出该烃和 HBr 反应的化学方程式。

4. 写出工业生产聚乙烯的原料及化学反应式；说出聚乙烯在生活、医药方面的用途（各举 1 例）。

第四节　脂环烃

学习目标

1. 掌握脂环烃的结构特点、分类及命名。
2. 熟悉小环脂环烃的稳定性和化学性质。
3. 了解脂环烃在医药中的应用，以及有机化学在促进现代医药发展中的重要作用。

重点难点

一、脂环烃的结构和命名

具有脂肪烃性质的环烃称为脂环烃。脂环烃可分为环烷烃、环烯烃和环炔烃。单环脂环烃的分子通式比相应烷烃、烯烃和炔烃少两个氢原子，环烷烃的通式为 $C_nH_{2n}(n \geqslant 3)$。

脂环烃的命名是在相同碳原子的开链烃名字之前加一“环”字。环上碳原子以顺时针或逆时针的方向编号，环烷烃命名时，优先考虑烃基位置；环烯烃和环炔烃命名时，优先考虑不饱和键（碳碳双键和碳碳三键）的位次最小，其次考虑取代基的位次尽量小。当脂环所连接的烃基较复杂时，通常将脂环烃基作为取代基进行命名。

二、脂环烃的性质

由于五元环和六元环的环结构张力较小，环结构比较稳定，所以环烷烃中的环戊烷、环己烷性质与烷烃相似。由于三元环和四元环张力较大，环结构不稳定，所以环丙烷和环丁烷易与氢气、卤素和卤化氢发生加成反应而开环，能使红棕色的溴水褪色。

环烯烃的性质与烯烃相似，容易发生加成反应和氧化反应。

例题引领

例 1　分子式为 C_4H_8 的化合物的所有可能结构有几种？

解析　因为 C_4H_8 满足分子通式 C_nH_{2n}，所以该化合物可能为烯烃或环烷烃，若为烯烃，烯烃有碳链异构和双键位置异构两种异构，则可能结构为共 3 种，分别为

(1) $CH_2=CH-CH_2-CH_3$　　(2) $CH_3-CH=CH-CH_3$　　(3) $CH_3-\overset{\overset{\displaystyle CH_3}{|}}{C}=CH_2$

其中，(1)(2)和(3)之间是碳链异构，(1)和(2)之间是位置异构。

若为环烷烃，则可能的结构共 2 种，分别为

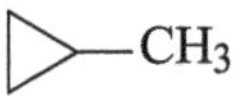

□　　▷—CH_3

答案　分子式为 C_4H_8 的化合物的所有可能结构共有 5 种。

例 2 已知某化合物的分子式为 C_5H_{10}，该化合物不能使溴水和酸性高锰酸钾褪色，请写出该化合物的名称和结构简式。

解析 C_5H_{10}满足分子通式 C_nH_{2n}，满足该通式的化合物可以为烯烃或环烷烃，由于该化合物不能使溴水和酸性高锰酸钾褪色，所以该化合物不是烯烃或三元环、四元环的环烷烃，故该化合物只能为环戊烷，结构简式为。

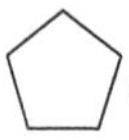

答案 环戊烷，结构简式为。

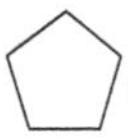

达标训练

一、选择题

1. 下列属于不饱和烃的是(　　)

A. $CH_3-CH_2-CH_3$　　B.

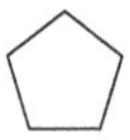

C. 　　D. $CH_3-\underset{}{CH}(CH_3)-C\equiv CH$

2. 下列结构的分子中，不满足通式 C_nH_{2n-2}的是(　　)

A. $CH_3-CH_2-C\equiv CH$　　B.

C. $CH_2=CH-CH=CH_2$　　D.

3. 下列化合物可以用于鉴别环戊烷与1-戊烯的是(　　)

A. 溴水　　B. 碘化钾　　C. 溴化氢　　D. 硝酸银

4. 按碳的骨架分类，下列说法不正确的是(　　)

A.  属于脂环化合物　　B. $CH_3-CH(Cl)-CH_3$ 属于链状化合物

C. $CH_2=CH-CH_3$ 属于不饱和链烃　　D. $CH_3-CH(OH)-CH_3$ 属于饱和链烃

5. 下列烃中，氢元素的质量分数最大的是(　　)

A. 甲烷　　B. 乙烯　　C. 乙炔　　D. 环丙烷

二、填空题

1. 环烷烃的结构中，通常________元环和________元环最稳定。环烯烃的分子通式为________________。

2. 与丙烯互为同分异构体的脂环烃是________________。

3. 环丁烷和丁烯互为同分异构体，可以使用________________鉴别环丁烷和丁烯。

4. 分子式为 C_4H_8 的烃的同分异构体共有________种。

三、综合题

用系统命名法命名下列化合物或写出化合物的结构简式。

① —CH_3

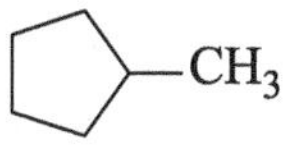

② 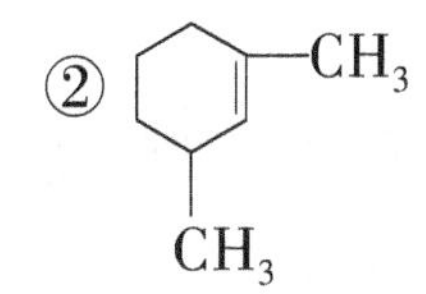

③ 1,1-二甲基环丙烷

④ 1,3-二甲基环己烷

⑤ 1,2-二甲基环戊烯

第五节　芳香烃

学习目标

1. 掌握苯的结构特点和苯的同系物的命名方法。

2. 掌握苯及其同系物的取代反应、烷基苯的氧化反应。

3. 了解苯在现代药物结构中的重要地位,了解有机化学在促进健康中国战略发展中的重要作用。

重点难点

一、苯

苯分子中碳环上的单、双键交替结构,并不是孤立的单键和双键,而是形成大 π 键,称为共轭体系。苯分子中的共轭体系是由 6 个碳原子共同形成的平面、环状闭合大 π 键,具有特殊稳定性。因此,苯的性质区别于脂环烃。苯属于最简单的芳香烃。

苯具有特殊的环状结构,与不饱和烃性质有显著区别。苯环的化学性质比较稳定,容易发生取代反应,不易发生加成反应和氧化反应,这种特殊的化学性质称为芳香性。

苯的性质：苯环稳定,易取代,难加成,难氧化。苯的取代反应包括卤代反应、硝化反应、磺化反应。

二、苯的同系物

苯环上的氢原子被烷基取代得到的化合物称为苯的同系物,又称烷基苯。苯及苯的同系物的通式为 $C_nH_{2n-6}(n \geq 6)$。

苯环上有一个简单烷基,命名时以苯作为母体,烷基作为取代基,称为“某苯”。

当苯环上有两个相同的烷基时,可有三种因烷基在苯环上相对位置不同而产生的异构体, 命名时用阿拉伯数字或用文字“邻、间、对”表示取代基的位置。当苯环上有三个相同的烷基时,也有三种因烷基在苯环上位置不同而产生的异构体,命名时用阿拉伯数字或用文字“连、偏、均”表示取代基的位置。

当烷基苯侧链与苯环直接相连的碳原子(α 碳原子)上连接有氢原子时,侧链可以被强氧化剂酸性高锰酸钾氧化为羰基。

例题引领

例 1 某烃的分子式为 $C_{10}H_{14}$,它不能使溴水褪色,但可使酸性 $KMnO_4$ 溶液褪色,分子结构中只含有一个烷基,符合条件的烃有(　　)

A. 2 种　　B. 3 种　　C. 4 种　　D. 5 种

解析 该烃的分子式为 $C_{10}H_{14}$,符合分子通式 C_nH_{2n-6},它不能使溴水褪色,但可使酸性 $KMnO_4$ 溶液褪色,说明它是苯的同系物;因其分子中只含一个烷基,可推知此烷基为 $-C_4H_9$,它具有以下 4 种结构:① $-CH_2CH_2CH_2CH_3$,② $-\overset{\overset{\displaystyle CH_3}{|}}{C}HCH_2CH_3$,③ $-CH_2\overset{\overset{\displaystyle CH_3}{|}}{C}HCH_3$,

④ $-\underset{\underset{\displaystyle CH_3}{|}}{\overset{\overset{\displaystyle CH_3}{|}}{C}}-CH_3$,由于第④种侧链上与苯环直接相连的碳原子上没有氢原子,不能发生侧链氧化,因此符合条件的烃只有 3 种。

答案 B

例 2 下列物质属于芳香烃,但不是苯的同系物的是(　　)

① CH_3　　② $CH{=}CH_2$　　③ 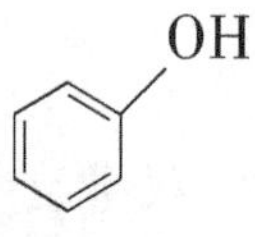 OH

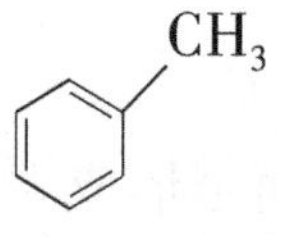

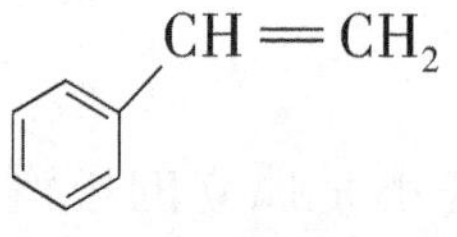

④ NH_2　　⑤　　⑥ CH_3 CH_3

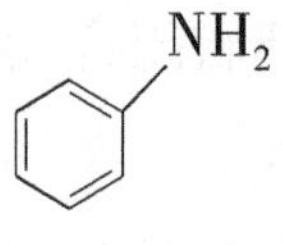

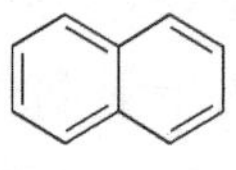

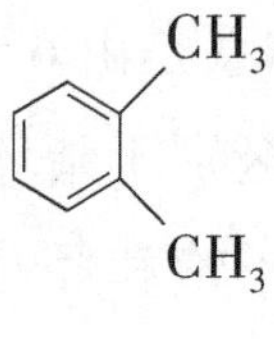

A. ③④　　　B. ②⑤　　　C. ①②⑤⑥　　　D. ②③④⑤⑥

解析　①和⑥分子通式满足 C_nH_{2n-6}，而且苯环上的氢原子被烷基取代，属于苯的同系物；②的结构中含有碳碳双键，虽然属于芳香烃，但不属于苯的同系物；③和④中含有 O 和 N 原子，不属于芳香烃；⑤属于稠环芳香烃，不是苯的同系物。

答案　B

达标训练

1. 芳香烃的主要特征是(　　)

A. 含有苯环结构　　B. 易溶于水　　C. 无色无味　　D. 熔点较低

2. 下列物质中，属于芳香烃的是(　　)

A. 甲烷　　B. 乙烯　　C. 苯　　D. 乙醇

3. 苯环上的碳碳键是(　　)

A. 单键　　B. 双键

C. 环状闭合共轭大 π 键　　D. 三键

4. 乙苯的结构简式为 $C_6H_5—CH_2—CH_3$，它的侧链具有烷烃的性质，下列关于其性质的叙述中不正确的是(　　)

A. 在光照条件下，可以与氯气发生取代反应

B. 能和溴水发生加成反应而使溴水褪色

C. 分子式为 C_8H_{10}

D. 在一定条件下，可以与 H_2 发生加成反应

5. 苯及苯的同系物的通式是(　　)

A. C_nH_{2n}　　B. C_nH_{2n+2}　　C. C_nH_{2n-6}　　D. C_nH_{2n+6}

6. 下列关于芳香烃的描述，正确的是(　　)

A. 都有刺激性气味　　B. 都是液体

C. 都不能和酸性高锰酸钾发生氧化反应　　D. 分子中含有苯环

7. 苯的硝化反应中，主要产物是(　　)

A. 硝基苯　　B. 苯酚　　C. 苯胺　　D. 苯甲醛

8. 能说明苯分子结构中不存在单双键交替的事实是(　　)

A. 苯的二元取代物无同分异构体　　B. 苯的间位二元取代物只有一种

C. 苯的邻位二元取代物只有一种　　D. 苯的对位二元取代物只有一种

9. 下列化合物能使酸性高锰酸钾褪色，但不能使溴水褪色的是(　　)

A. 丙烷　　B. 丙烯　　C. 苯　　D.甲苯

10. 分子式为 C_8H_{10} 且只含有一个烷基的芳香烃的同分异构体共有(　　)

A. 2 种　　B. 3 种　　C. 4 种　　D. 5 种

二、填空题

1. 苯及其同系物的结构特点：只含有________苯环，且侧链均为________，分子通式为__________________。

2. 有四种无色液态物质：己烯、己烷、苯和甲苯。

(1) 不能与溴水和酸性 $KMnO_4$ 溶液反应的是__________________。

(2) 不能与溴水和酸性 $KMnO_4$ 溶液反应，但在铁粉催化下能与液溴反应的是_____，生成物的名称是_______，反应的化学反应式为________________________________，此反应属于__________________反应。

(3) 能与溴水和酸性 $KMnO_4$ 溶液反应的是__________________。

(4) 不能与溴水反应但能与酸性 $KMnO_4$ 溶液反应的是__________________。

三、综合题

1. 用系统命名法命名下列化合物或写出化合物(或基团)的结构简式。

① $CH_2—CH_3$　　② CH_3 CH_3　　③ $CH_2—CH_3$ CH_3

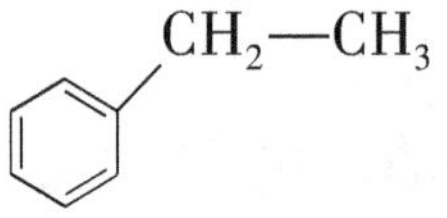

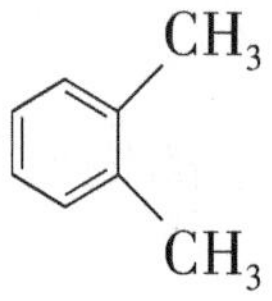

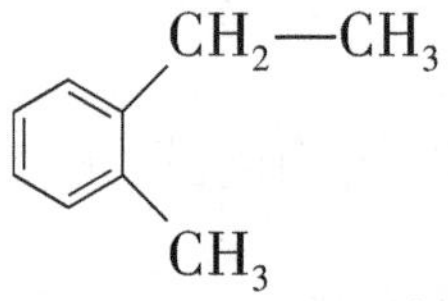

④ 硝基苯　　⑤ 均三甲苯　　⑥ 苄基

2. 完成下列反应式。

(1) $CH_2—CH_3$ $\xrightarrow{KMnO_4/H^+}$

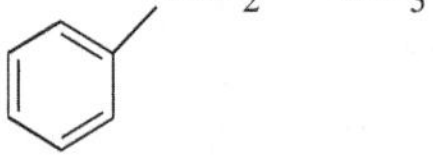

(2) $+HONO_2$ $\xrightarrow[\triangle]{浓 H_2SO_4}$

(3) $+Br_2$ $\xrightarrow{Fe}$

3. 用化学方法鉴别环己烯、苯和甲苯。

第七章

认识种类繁多的烃的衍生物

知识领航

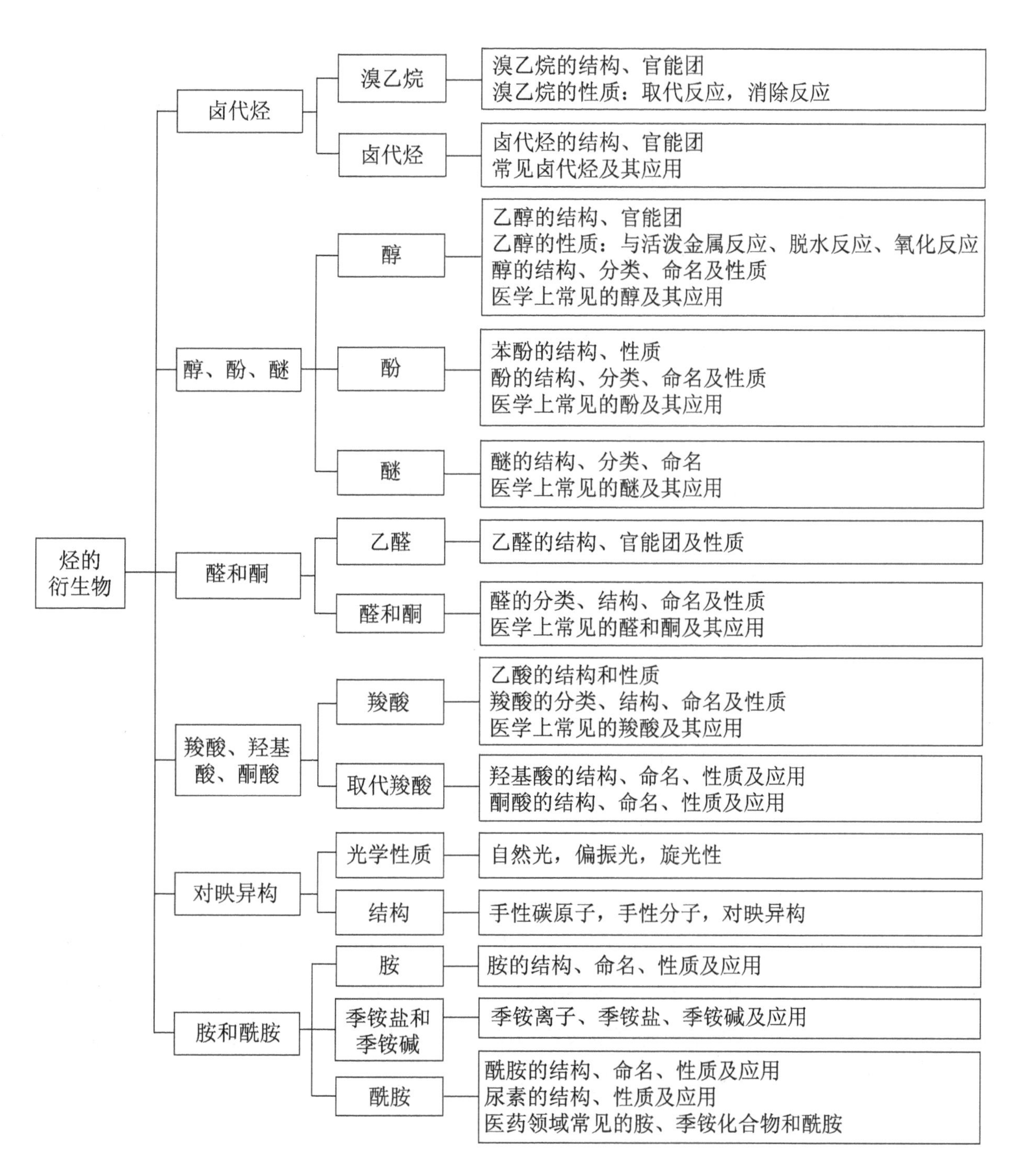

第一节　卤代烃

学习目标

1. 知道溴乙烷的结构，掌握卤代烃的官能团。

2. 理解卤代烃的取代反应和消除反应，并能正确书写反应方程式。

3. 了解重要的卤代烃，并知道其在生产生活中的应用，树立绿色环保意识。

重点难点

一、溴乙烷的结构

溴乙烷的结构简式为 CH_3CH_2Br，是乙烷分子中一个氢原子被溴原子取代的产物。

二、卤代烃的性质

烃分子中的氢原子被卤素原子 X(F、Cl、Br、I)取代的产物，称为卤代烃。一元卤代烃的通式一般用 R—X 表示。

(1) 取代反应：卤代烃与强碱(如 NaOH 或 KOH)的水溶液共热，分子中卤素原子被羟基取代生成醇。

(2) 消除反应：卤代烃和强碱的醇溶液共热，分子内脱去卤化氢生成烯烃。

这种有机物分子中脱去一个简单分子(如 HBr 或 H_2O 等)，生成不饱和化合物的反应称为消除反应。

三、卤代烃的命名

以烃作为母体，卤素原子作为取代基，将卤素原子的位次、数目和名称写在母体之前。

例题引领

例 1　下列化合物既能发生消除反应又能发生取代反应的是(　　)。

A. 2-甲基-2-溴丙烷　　B. 乙烷

C. 苯　　D. 2，2-二甲基-1-溴丙烷

解析　本题首先考查学生根据名称写结构的能力，其次考查学生对已学化合物性质的掌握情况。2-甲基-2-溴丙烷[$(CH_3)_3CBr$]属于卤代烃，β-碳原子上有氢原子，因此既能发生取代反应又能发生消除反应；乙烷是烷烃，苯属于芳香烃，两者均能发生取代反应但不能发生消除反应；2，2-二甲基-1-溴丙烷[$(CH_3)_3CCH_2Br$]属于卤代烃，但 β-碳原子上没有氢原子，因此不能发生消除反应，但可以发生取代反应。

答案　A

达标训练

一、选择题

1. 下列化合物中,属于芳香族卤代烃的是(　　)

A. CH_3Cl　　B. CH_3CH_2Br　　C. $CH_3-\overset{CH_3}{\underset{CH_3}{\overset{|}{\underset{|}{C}}}}-Cl$　　D. (苯环)—Br

2. 下列关于卤代烃的叙述正确的是(　　)

A. 所有卤代烃都是难溶于水,密度比水大的液体

B. 所有卤代烃在适当条件下,都能发生消除反应

C. 所有卤代烃都含有卤原子,都能发生取代反应

D. 所有卤代烃都是通过取代反应制得的

3. 下列物质中,不属于烃的衍生物的是(　　)

A. 酒精　　B. 醋酸　　C. 乙烷　　D. 氯仿

4. 下列反应中,属于消除反应的是(　　)

A. 乙烯与溴化氢的反应

B. 甲烷与氯气在光照条件下的反应

C. 苯与氯气在铁粉催化下的反应

D. 溴乙烷与 NaOH 乙醇溶液共热条件下的反应

5. 下列物质与水混合后静置,不出现分层的是(　　)

A. 乙醇　　B. 氯仿　　C. 苯　　D. 四氯化碳

6. 下列化合物中能用于灭火的是(　　)

A. 乙醚　　B. 丙酮　　C. 聚氯乙烯　　D. 四氯化碳

7. 1-溴丙烷和 2-溴丙烷分别与 NaOH 乙醇溶液共热,下列说法正确的是(　　)

A. 产物不同,反应类型相同　　B. 产物不同,反应类型不同

C. 产物相同,反应类型相同　　D. 产物相同,反应类型不同

8. 下列各组反应中,反应类型相同的是(　　)

A. 甲烷和溴在光照条件下褪色,乙烯使溴水褪色

B. 甲苯、乙烯均能使酸性 $KMnO_4$ 溶液褪色

C. 溴水中加入已烯或苯充分振荡,溴水层均褪色

D. 1-溴丙烷分别与 KOH 水溶液、KOH 乙醇溶液共热,均有 KBr 生成

二、填空题

1. 溴乙烷的结构简式为____________,它与 NaOH 的水溶液共热,分子中________

被________取代生成________,这个反应称为卤代烃的____________反应。

2. 烃分子中的____________________被____________________而生成的一系列化合物称为卤代烃,一元卤代烃的通式一般用____________________表示。

3. 溴乙烷与 NaOH 水溶液共热发生的反应类型是________反应,溴乙烷与 NaOH 的乙醇溶液共热发生的反应类型是________反应。

4. 实验室若制备 1,2-二溴乙烷,可以选用乙烯和________反应,该反应类型为______________________。

5. 分子的性质是由分子的结构决定的,已知某有机物结构简式为 $CH_2{=}CHCH_2CH_2Cl$,则该有机物的名称为____________________,根据其结构,推测该化合物________(填"能"或"不能",后同)和溴水发生反应,________和酸性高锰酸钾发生反应,________发生消除反应。

三、综合题

1. 用系统命名法命名下列化合物或写出化合物的结构简式。

① $CH_3—CH(Cl)—CH_3$　　② $CH_3—C(CH_3)(Cl)—CH_3$　　③ $C_6H_5—CH_2—Cl$

④ 氯苯　　⑤ 2-甲基-3-氯戊烷　　⑥ 氯仿

2. 完成下列反应式。

(1) $CH_3—CH(Br)—CH_3 + KOH \xrightarrow{乙醇/\triangle}$

(2) $CH_3—CH_2—CH(Br)—CH_3 + KOH \xrightarrow{H_2O/\triangle}$

3. 用化学方法鉴别溴苯和甲苯。

第二节　醇、酚、醚

学习目标

1. 知道醇、酚、醚的官能团,会区分醇和酚,了解醇、酚、醚的结构和分类。

2. 学会醇、酚、醚的命名,掌握醇、酚、醚典型的化学性质。

3. 了解重要的醇、酚、醚在生产生活以及医药中的应用,养成严谨求实的科学态度和积极探索的科学精神。

重点难点

一、乙醇

乙醇的结构简式为 CH_3CH_2OH,是无色透明、有挥发性的液体,沸点 78.5 ℃,能与水及大多数有机溶剂混溶。乙醇的化学性质比较活泼,能与活泼金属反应,能发生脱水反应、氧化反应等。

二、醇

1. 醇的结构

从结构上看,脂肪烃、脂环烃分子中的氢原子或芳香烃侧链上的氢原子被羟基取代后生成的化合物称为醇。脂肪族一元醇的通式为 R—OH,官能团为羟基(—OH)。

2. 醇的分类

(1) 根据醇分子中烃基种类的不同,醇可分为饱和醇、不饱和醇、脂环醇及芳香醇。

(2) 根据分子中羟基数目的不同,醇可分为一元醇、二元醇、三元醇等,二元及以上的醇叫多元醇。

(3) 醇还可以根据羟基所连碳原子类型不同,分为伯醇、仲醇和叔醇。

3. 醇的命名

(1) 饱和一元醇的系统命名法:① 选择包含与羟基直接相连碳原子在内的最长碳链为主链,根据主链碳原子数称“某醇”。② 从靠近羟基的一端开始,用阿拉伯数字依次将主链的碳原子编号。③ 羟基的位次写在“某醇”之前,并用半字线隔开(如果羟基在第一位则可省略不写),即为母体名称;取代基的位次、数目、名称写在母体名称之前。

(2) 不饱和一元醇的系统命名:命名时应选择连有羟基和不饱和键在内的最长碳链作主链,从靠近羟基的一端开始编号,根据主链所含碳原子数目称为某烯醇或某炔醇。

(3) 多元醇的系统命名:命名时选择包括连有尽可能多羟基的碳链作主链,根据羟基的数目称某二醇、某三醇等。因为羟基是连在不同的碳原子上的,所以当羟基数与主链碳原子数相同时可以不标明羟基的位次。

4. 醇的理化性质

醇的物理性质：室温下，低级醇是液体，较高级的醇为黏稠的液体，11 个碳原子以上的醇为蜡状固体。醇的化学性质包括以下四点。

（1）与活泼金属反应：醇与活泼金属（如钠和钾等）反应生成金属醇化物和氢气。

（2）脱水反应：醇的脱水反应有两种方式，分别是分子内脱水和分子间脱水。① 醇分子内脱水生成烯烃，如乙醇在浓硫酸作催化剂和脱水剂的条件下，加热到 170 ℃，可以发生分子内脱水生成乙烯；② 醇分子间脱水生成醚，如乙醇在浓硫酸作催化剂和脱水剂的条件下，加热到 140 ℃，可以发生分子间脱水生成乙醚。

（3）氧化反应：氧化途径有加氧氧化和脱氢氧化；醇的氧化规律为伯醇氧化生成醛，仲醇氧化生成酮，叔醇在同样条件下不被氧化。

（4）与无机含氧酸生成酯：醇与无机含氧酸反应生成无机酸酯。

三、苯酚

苯酚的结构简式为 —OH 。从结构上看，苯酚可以看作是水分子中一个氢原子被苯基取代的产物，也可以看作是苯环中的一个氢原子被羟基取代的产物。

四、酚

1. 酚的结构

酚是芳香烃分子中芳环上的氢原子被羟基（—OH）取代后生成的化合物。酚类的官能团是酚羟基，一元酚通式为 Ar—OH。

2. 酚的命名

（1）一元酚命名时以苯酚为母体，把其他原子、原子团和烃基等作为取代基，其相对位置可用阿拉伯数字表示，编号从连有酚羟基的苯环碳原子开始并使其他取代基的位次最小；也可以用“邻、间、对”来表示取代基与酚羟基的相对位置。

（2）二元酚命名时以苯二酚为母体，两个酚羟基间的相对位置用阿拉伯数字表示或用“邻、间、对”来表示。

（3）三元酚命名时以苯三酚为母体，三个酚羟基间的相对位置用阿拉伯数字表示或用“连、偏、均”来表示。

3. 酚的性质

（1）弱酸性：苯酚是一种弱酸，其酸性比碳酸弱，可与氢氧化钠反应生成苯酚钠。

（2）与三氯化铁的显色反应：苯酚遇三氯化铁溶液显紫色。不同的酚类化合物与三氯化铁溶液显不同的颜色，用于酚类化合物的鉴别。

（3）与溴水反应：苯酚与溴水反应立即生成 2，4，6-三溴苯酚白色沉淀，可用作苯酚的定性、定量分析。

（4）氧化反应：酚类化合物很容易被氧化，在酸性高锰酸钾作用下，苯酚可被氧化成黄色的对苯醌。

五、醚

1. 醚的结构、分类

醚是醇或酚分子中羟基上的氢原子被烃基取代后的产物。醚的官能团是醚键。单醚的通式为(Ar)R—O—R(Ar),混醚的通式为(Ar)R—O—R′(Ar′)。

2. 醚的命名

简单的醚,在醚字前加上烃基的名称。混醚命名时,较小的烃基名称放在前面,但芳香烃基名称放在烷基的前面。

例题引领

例 1 下列化合物能与三氯化铁发生显色反应的是(　　)

A. CH_3CH_2OH　　B. 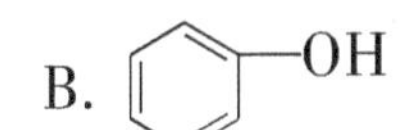　　C. 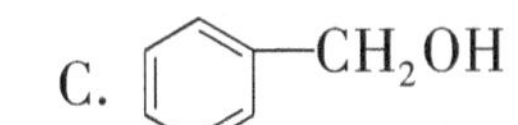　　D. 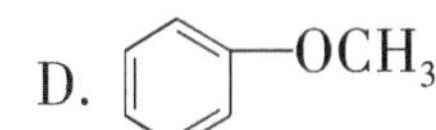

解析 首先要能判断出上述化合物分别属于哪类化合物,A、C 选项均属于醇,D 选项属于醚,而醇和醚与三氯化铁均不发生反应,B 选项属于酚,酚与三氯化铁可以发生显色反应。

答案 B

例 2 下列化合物能使高锰酸钾褪色的是(　　)

A. 异丙醇　　B. 叔丁醇　　C. 苯甲醚　　D. 苯

解析 A、B 选项属于醇类化合物,伯醇、仲醇能被高锰酸钾氧化,但叔醇不能被高锰酸钾氧化,A 选项为仲醇,B 选项为叔醇;C 选项为醚,醚的性质比较稳定,不能被高锰酸钾氧化;D 选项为苯,苯不能被高锰酸钾氧化。

答案 A

达标训练

一、选择题

1. 下列醇中,属于仲醇的是(　　)

A. 1-丁醇　　B. 2-丁醇　　C. 2-甲基-2-丁醇　　D. 3-甲基-1-丁醇

2. 下列化合物不属于醇的是(　　)

A. 脂肪烃分子中的氢原子被羟基取代后的化合物

B. 脂环烃分子中的氢原子被羟基取代后的化合物

C. 芳烃苯环上的氢原子被羟基取代后的化合物

D. 芳烃侧链上的氢原子被羟基取代后的化合物

3. 下列化合物不能使高锰酸钾褪色的是(　　)

A. 苯乙烯　　B. 环已烯　　C. 叔丁基苯　　D. 苯甲醇

4. 电视、报刊报道的“毒酒”中,有毒成分是指(　　)

A. 甲醇　　B. 乙二醇　　C. 丙三醇　　D. 异戊醇

5. 下列化合物中,属于芳香醇的是(　　)

A. 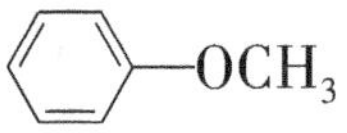 $—OCH_3$　　B. 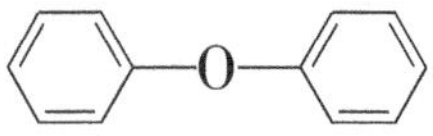 —O—

C. 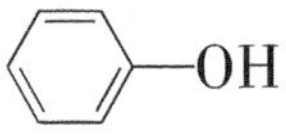 —OH　　D. 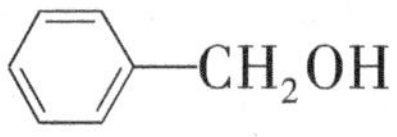 $—CH_2OH$

6. 下列化合物遇新配的 $Cu(OH)_2$ 能生成深蓝色溶液的是(　　)

A. 1,3-丙二醇　　B. 甘油　　C. 乙醇　　D. 环丙醇

7. 煤酚皂(来苏尔)是医院常用的消毒液,其主要成分是(　　)

A. 邻甲苯酚　　B. 间甲苯酚　　C. 对甲苯酚　　D. 以上都是

8. 下列物质中,不能与金属钠反应的是(　　)

A. 苯酚　　B. 乙醚　　C. 甘油　　D. 无水酒精

二、填空题

1. 乙醇的结构简式为__________________,乙醇的俗名是 _______;丙三醇的结构简式为__________________,丙三醇的俗名是 _______。

2. 药用酒精中乙醇的 φ_B 为_______,消毒酒精的 φ_B 为_______,无水酒精的 φ_B 在_______以上。

3. 苯酚俗称 _______,是_______晶体,有 _______气味。室温下苯酚_______(填“难”、“微”或“易”)溶于水,其浑浊液加热后_______(填“无现象”或“变澄清”)。向苯酚溶液中加入 NaOH,现象是_______________,然后通入 CO_2 气体,现象是_______________。说明苯酚有酸性,其酸性比碳酸_______。

4. _______、_______和_______的混合物总称_______,俗称煤酚。煤酚皂溶液是47%~53%_______溶液,在医疗上作_______剂,商品名称为_______。

三、综合题

1. 用系统命名法命名下列化合物或根据名称写出结构简式。

① $CH_3CHCH_2CHCH_3$（2 位连 OH，4 位连 CH_3）

② OH、CH_3

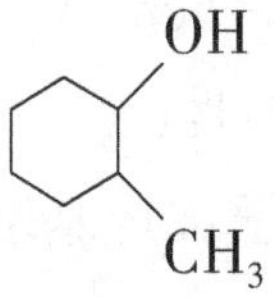

③ $CH_3—CH(OH)—CH_3$

④ $CH_3CH_2OCH_2CH_3$

⑤ 石炭酸

⑥ 邻甲苯酚

⑦ 苯甲醚

⑧ 苄醇

2. 完成下列反应式。

（1）$CH_3CH_2OH \xrightarrow[\text{浓硫酸}]{170\ ℃}$

（2）$C_6H_5—OH + NaOH \longrightarrow$

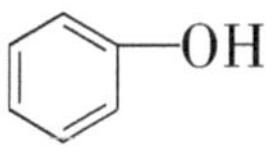

（3）$C_6H_5—OH + Br_2 \xrightarrow{H_2O}$

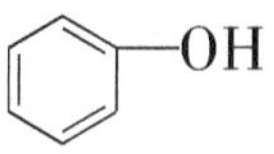

3. 用化学方法鉴别下列化合物。

（1）苯甲醇、苯酚

（2）苯甲醚、甲苯

第三节　醛和酮

学习目标

1. 知道醛、酮的官能团，了解醛、酮的结构和分类，熟悉醛、酮的命名。

2. 掌握醛、酮重要的性质，会写醛、酮的还原反应和氧化反应方程式，知道其在生产生活及医药中的应用。

3. 了解醛、酮在社会发展和人类生活及健康中的应用,感悟有机化学在促进人类健康发展中的重要意义。

重点难点

一、乙醛

乙醛的结构简式为 CH_3CHO,是乙醇的氧化产物。

二、醛和酮

1. 醛、酮的结构

醛的官能团为醛基($-\overset{\text{O}}{\overset{\|}{\text{C}}}-\text{H}$ 或$-\text{CHO}$),酮的官能团为羰基($-\overset{\text{O}}{\overset{\|}{\text{C}}}-$)。脂肪醛通式为 $\text{R(H)}-\overset{\text{O}}{\overset{\|}{\text{C}}}-\text{H}$,脂肪酮的通式为 $\text{R}-\overset{\text{O}}{\overset{\|}{\text{C}}}-\text{R}'$ 。

2. 醛、酮的分类

(1) 根据羰基所连烃基的种类不同,可将醛、酮分为脂肪醛、酮和芳香醛、酮。

(2) 根据脂肪烃基是否饱和,可将醛、酮分为饱和醛、酮和不饱和醛、酮。

3. 醛、酮的命名

(1) 脂肪醛、酮命名时,选择含羰基的最长碳链为主链,按主链碳原子数目称为某醛或某酮;从靠近羰基的一端开始给主链碳原子编号,醛分子中,从醛基开始编号;支链看作取代基,将取代基的位次、数目、名称写在醛或酮名称前。

(2) 脂环酮的命名与脂肪酮相似,在相应名称前加“环”字,编号从羰基碳原子开始。

(3) 芳香醛、酮命名时,以脂肪醛、酮为母体,将芳香烃基作为取代基,名称中“基”字可省略。

4. 醛、酮的化学性质

(1) 催化加氢:和乙醛一样,在铂(Pt)或镍(Ni)的催化下,醛、酮可加氢生成相应的醇。醛加氢还原得到伯醇,酮加氢还原得到仲醇。

(2) 氧化反应:① 所有醛都能和托伦试剂反应,生成银镜,而酮不能反应,可用于鉴别醛、酮。② 脂肪醛都能和费林试剂反应,甲醛和费林试剂反应生成铜镜,其他脂肪醛和费林试剂反应生成砖红色 Cu_2O 沉淀,芳香醛和酮不与费林试剂反应,可用于鉴别脂肪醛与芳香醛及酮。

(3) 生成缩醛的反应:在干燥氯化氢的作用下,一分子醛和一分子醇发生加成反应,生成不稳定的半缩醛。半缩醛中新形成的半缩醛羟基比较活泼,可以和醇进一步发生缩合反应生成缩醛。

例题引领

例 1 下列化合物中，能被氧化并生成酮的是(　　)

A. 环己醇　　B.异丁醇

C. 2-甲基-2-丁醇　　D. 2,2-二甲基-1-丙醇

解析 B、D 选项均为伯醇，伯醇氧化生成醛；A 选项为仲醇，仲醇氧化生成酮；C 选项为叔醇，叔醇由于 α-碳原子上没有氢不能被氧化。

答案 A

例 2 下列反应中，不属于加成反应的是(　　)

A. 乙烯和溴水反应

B. 丙酮和氢气在镍催化下反应

C. 乙醛和托伦试剂反应生成银镜

D. 乙醛与乙醇在干燥 HCl 催化下生成半缩醛

解析 A 选项为烯烃与溴水发生加成反应；B 选项为酮的催化加氢反应；C 选项为醛的氧化反应；D 选项为半缩醛的生成，是羰基上的加成反应。

答案 C

达标训练

一、选择题

1. 下列化合物名称正确的是(　　)

A. 2-丁酮　　B. 2-乙基丙醛　　C. 3-甲基丙醛　　D. 丙醛

2. 下列化合物能与费林试剂发生反应的是(　　)

A. CH_3CHO　　B. C_6H_5CHO　　C. CH_3COCH_3　　D. $C_6H_5COCH_3$

3. 化合物 $CH_3CH(CH_3)CH_2CHO$ 的名称是(　　)

A. 2-甲基丁醛　　B. 戊醛　　C. 6-甲基己醛　　D. 3-甲基丁醛

4. 下列化合物能与乙醛发生氧化反应的是(　　)

A. 托伦试剂　　B. 乙醇和干燥 HCl

C. 希夫试剂(品红亚硫酸试剂)　　D. 稀 NaOH 溶液

5. 丁酮还原可得到的醇是(　　)

A. 正丁醇　　B. 2-丁醇　　C. 2-甲基-2-丙醇　　D. 2-丙醇

6. 下列试剂不能与苯甲醛发生反应的是(　　)

A. 托伦试剂　　B. 费林试剂　　C. 希夫试剂　　D. 高锰酸钾溶液

7. 下列化合物既能发生银镜反应又能使高锰酸钾褪色的是(　　)

A. 乙醇　　B. 苯酚　　C. 乙醛　　D. 丙酮

8. 下列化合中能发生银镜反应的是(　　)

A. 乙醇　　B. 苯甲醛　　C. 乙醚　　D. 丙酮

9. 能使希夫试剂显色的是(　　)

A. CH_3CH_2OH　　B. CH_3CH_2CHO　　C. CH_3COCH_3　　D. C_6H_5OH

二、填空题

1. 甲醛俗名________;丙酮的结构简式为________________________。

2. 醛、酮都可以加氢还原,甲醛加氢还原的产物是________。除甲醛外,其他醛的还原产物属________醇,酮的还原产物属________醇。

3. 醛与________在加热条件下能发生银镜反应,________与费林试剂在加热条件下出现砖红色沉淀,________与这两种试剂都不发生反应。

4. 下列化合物:① CH_3CHO;② CH_3CH_2CHO;③ C_6H_5CHO;④ $C_6H_5COCH_3$;⑤ $CH_3CH_2COCH_3$;⑥ $CH_3CH_2COCH_2CH_3$;⑦ CH_3CH_2OH;⑧ $(C_6H_5)_2CHOH$ 中,能发生银镜反应的是________,能发生费林反应的是________,能催化加氢并生成伯醇的是________,能催化加氢并生成仲醇的是________。(填序号)

三、综合题

1. 用系统命名法命名下列化合物或根据名称写出结构简式。

① 蚁醛　　② 环己酮

③ 3-甲基丁醛　　④ 苯甲醛

⑤ CH_3CH_2CHO　　⑥ $CH_3CH_2COCH_3$

⑦ $CH_3CH(CH_3)CH_2C(=O)CH_3$　　⑧ 邻位取代苯环(—CHO, —CH_3)

2. 完成下列反应式。

(1) $CH_3COCH_2CH_3+H_2 \xrightarrow{Ni}$

(2) $CH_3CHO \xrightarrow{[O]}$

3. 用化学方法鉴别下列化合物。

(1) 乙醛、丙酮、苯甲醛

(2) 苯酚、丙酮、苯甲醇

第四节　羧酸、羟基酸、酮酸

学习目标

1. 知道羧酸的官能团,熟悉羧酸、羟基酸、酮酸的结构、分类和命名。

2. 熟悉羧酸、羟基酸、酮酸的重要性质,会比较羧酸的酸性,能正确书写羧酸的酯化反应方程式。

3. 知道羧酸、羟基酸、酮酸在生产生活及医药领域的应用,了解羧酸、羟基酸、酮酸对人类生产生活和健康的重大影响,学习科学家勇于创新的精神。

重点难点

一、乙酸

乙酸的结构简式为 CH_3COOH,官能团为羧基($-\overset{\overset{O}{\|}}{C}-OH$)。

二、羧酸

1. 羧酸的结构

羧酸从结构上可以看作是烃分子中的氢原子被羧基取代而成的化合物(甲酸例外)。脂肪酸的结构通式为 R(H)—COOH。

2. 羧酸的分类

(1) 根据分子中烃基的不同,分为脂肪酸和芳香酸。

(2) 根据脂肪烃基是否饱和,分为饱和脂肪酸和不饱和脂肪酸。

（3）根据分子中羧基的数目分为一元酸、二元酸和多元酸。

3. 羧酸的命名

羧酸的系统命名与醛相似，只需要将“醛”字改成“酸”字。命名原则主要有以下几点：

（1）脂肪酸命名时，选择含有羧基的最长碳链为主链，根据主链上碳原子的数目命名为“某酸”；从羧基碳原子开始，用阿拉伯数字（也可用希腊字母）将主链碳原子依次编号，支链看作是取代基，将取代基的位次、数目和名称写在酸名前。

（2）不饱和脂肪酸命名时，选择同时含有双键和羧基碳的最长碳链为主链，根据主链上碳原子的数目命名为“某烯酸”，把双键的位置写在“某烯酸”之前。

（3）二元饱和脂肪酸命名时，把连接 2 个羧基的碳链做母体，命名为“某二酸”，支链烃基看作是取代基；二元不饱和脂肪酸命名时，命名为“某烯二酸”，把双键的位次写在“某烯酸”之前，其他要求和二元饱和脂肪酸命名相同。

（4）芳香酸命名时，把芳香烃基看作是取代基，以脂肪酸作为母体进行命名。

羧酸（ $R—\overset{\overset{\displaystyle O}{\|}}{C}—OH$ ）分子去掉羧基上的羟基，形成的官能团称为酰基（ $R—\overset{\overset{\displaystyle O}{\|}}{C}—$ ）。

4. 羧酸的性质

（1）酸性：羧酸具有酸的通性，是有机弱酸，但酸性比碳酸强。酸性强弱顺序为 HCl（H_2SO_4）>羧酸>碳酸。几种羧酸的酸性强弱顺序为草酸>甲酸>苯甲酸>饱和一元羧酸。

（2）酯化反应：羧酸和醇反应生成酯和水，该反应称为酯化反应。

（3）酸酐的生成：羧酸与脱水剂（如 P_2O_5 等）共热，两个羧酸的羧基间脱水生成酸酐。

（4）脱羧反应：羧酸分子中羧基脱去二氧化碳的反应称为脱羧反应。一元羧酸很难直接脱羧。二元羧酸中，乙二酸和丙二酸在受热时很容易脱羧。

三、羟基酸

1. 羟基酸的结构和命名

羟基酸是羧酸分子中烃基上的氢原子被羟基取代而生成的化合物。羟基酸的系统命名是以羧酸为母体，把羟基作为取代基来命名的。

2. 羟基酸的性质

（1）酸性：羟基酸分子中含有羧基，因此具有弱酸性。由于醇羟基对羧基的影响，醇酸的酸性较相应脂肪酸强。

（2）氧化反应：α-羟基酸中的羟基比醇分子中的羟基更易被氧化，氧化的产物为 α-酮酸。

（3）脱水反应：羟基酸对热较敏感，加热易脱水，产物因羟基与羧基的相对位置不同而不同。由于五元环、六元环都比较稳定，因此 γ-羟基酸和 δ-羟基酸在常温下即可脱水生

成五元环的 γ-内酯或六元环的 δ-内酯。

四、酮酸

1. 酮酸的结构和命名

分子中除含羧基外,还含有酮基的化合物称为酮酸。酮酸的系统命名是以羧酸为母体,酮基为取代基命名的。命名时,须标明酮基的位次。

2. 酮酸的性质

(1) 还原反应:酮酸分子中的羰基可以被还原为羟基。在人体代谢中,酮酸还原是在酶催化下进行的。

(2) 脱羧反应:β-酮酸只在低温下稳定,在室温以上易脱羧生成酮。如乙酰乙酸在室温下就可以发生脱羧反应生成丙酮。

3. 酮体

β-丁酮酸、β-羟基丁酸和丙酮三者在医学上合称为酮体,是人体内脂肪代谢的产物。

例题引领

例 1 下列化合物中既能发生银镜反应又能发生酯化反应的是(　　)

A. 甲酸　　B. 甲醛　　C. 醋酸　　D. 甲醇

解析 A、C 选项属于羧酸化合物,都能发生酯化反应,但甲酸分子中有醛基,具有还原性,能发生银镜反应,醋酸没有还原性,不能发生银镜反应;B 选项是醛,能发生银镜反应,但不能发生酯化反应;D 选项为醇类化合物,能发生酯化反应,但是不能发生银镜反应。

答案 A

例 2 下列化合物既能发生银镜反应,又能使酸性 $KMnO_4$ 溶液褪色,但不与 $NaHCO_3$ 反应的是(　　)

A. 乙酸　　B. 乙醛　　C. 乙二酸　　D. 甲酸

解析 A、C、D 三个选项均为羧酸,都可与 $NaHCO_3$ 反应放出 CO_2;B 选项为醛,没有酸性,不与 $NaHCO_3$ 反应,但能发生银镜反应,也能使 $KMnO_4$ 褪色,故本题选 B。

答案 B

达标训练

一、选择题

1. 下列物质中酸性最强的是(　　)

A. 乙酸　　B. 甲酸　　C. 碳酸　　D. 苯酚

2. 能与 $NaHCO_3$ 反应,也能发生银镜反应的物质是(　　)

A. 甲醛　　B. 乙醛　　C. 甲酸　　D. 乙酸

3. 下列化合物能与 $NaHCO_3$ 溶液反应放出 CO_2 的是(　　)

A. 乙醇　　B. 苯酚　　C. 乙酸　　D. 乙酸乙酯

4. 不能用于鉴别甲酸和乙酸的是(　　)

A. 托伦试剂　　B. 高锰酸钾溶液　　C. $NaHCO_3$　　D. 费林试剂

5. 可用于鉴别甲酸和乙二酸溶液的是(　　)

A. $FeCl_3$ 溶液　　B. 红色石蕊试纸　　C. 托伦试剂　　D. $NaHCO_3$ 溶液

6. 下列各组化合物反应后能生成乙酸甲酯的是(　　)

A. 甲酸与乙醇　　B. 乙酸与甲醇　　C. 乙酸与乙醇　　D. 丙酸与甲醇

7. 下列化合物中,和其他物质都不是同分异构体的是(　　)

A. 丁酸　　B.甲酸异丙酯　　C. 乙酰乙酸　　D. 乙酸乙酯

8. 下列化合物中具有令人愉悦的水果香味的是(　　)

A. $CH_3COOCH_2CH_3$　　B. $CH_3CH_2\ CH_2COOH$

C. $CH_3\ CH_2CHO$　　D. $CH_3CH_2COCH_3$

9. 下列化合物中属于不饱和脂肪酸的是(　　)

A. $HOOCCH{=}CHCOOH$　　B. 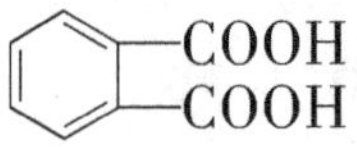

C. HOOC—COOH　　D. $HOOCCH_2COOH$

10. 下列各组化合物反应后生成乙酸乙酯的是(　　)

A. CH_3COOH 和 PCl_5

B. CH_3COOH 和 CH_3CH_2OH 在浓 H_2SO_4 催化下反应

C. CH_3CHO 和 CH_3CH_2OH 在干燥 HCl 催化下反应

D. CH_3CH_2OH 和酸性高锰酸钾溶液

二、填空题

1. 羧酸的官能团是________,羧酸属于________(填“强”或“弱”)酸。

2. 羧酸与醇生成________和水的反应叫________。

3. 一元羧酸的结构通式为____________________,羧酸分子中去掉羧基上羟基,剩下的部分叫作________基。

4. 乙酸的俗名是________,乙二酸的俗名是________,2-羟基丙酸的俗名是________,邻羟基苯甲酸的俗名是________,阿司匹林是________的商品名。

三、综合题

1. 用系统命名法命名下列化合物或根据名称写出结构简式。

① C_6H_5COOH　　② $CH_3COOCH_2CH_3$　　③ CH_3COCH_2COOH

④ 水杨酸　　　　⑤ 草酸

⑥ 丙酮酸　　　　⑦ 乳酸

2. 完成下列反应式。

（1）$CH_3COOH+Na_2CO_3 \longrightarrow$

（2）$CH_3COOH+CH_3CH_2CH_2OH \xrightarrow[\triangle]{浓硫酸}$

3. 用化学方法鉴别下列化合物。

（1）甲酸、乙酸、乙二酸

（2）苯酚、水杨酸、乙酰水杨酸

第五节　对映异构

学习目标

1. 知道旋光性、手性碳原子和手性分子的概念，知道旋光性与物质结构的关系。

2. 了解含有手性碳原子的化合物的旋光异构，了解费歇尔投影式和D、L构型标记法。

3. 能正确写出费歇尔投影式，会判断含手性碳原子的化合物的D、L构型。熟悉对应异构在医药领域的应用，了解其对人类生产生活和健康的重大影响。

重点难点

一、偏振光和旋光性

偏振光为只在某一平面上振动的光。偏振光的振动平面为偏振面。

旋光性：物质能使偏振光的振动方向发生旋转的性质。

根据是否具有旋光性,物质可分为旋光性物质和非旋光性物质。

右旋体：能使偏振光按顺时针方向旋转的旋光性物质,用符号(+)表示。

左旋体：能使偏振光按逆时针方向旋转的旋光性物质,用符号(-)表示。

旋光度(用 α 表示)是使偏振光的振动方向旋转的角度。

二、分子的手性和对映异构

手性碳原子：与四个不同原子或原子团相连接的碳原子(用“ * ”表示)。

手性分子:互为实物与镜像关系但彼此不能重合的分子。

分子具有手性的常见原因是分子中存在手性碳原子,手性分子一定具有旋光性。

外消旋体：将一对对映体等量混合得到的没有旋光性的混合物体系。

三、对映异构体的构型表示法

对映异构体的构型表示法有费歇尔投影式和 D、L 构型标记法两种。

D、L 构型标记法是人为规定的,以甘油醛的构型作为标准,其他化合物的构型都以甘油醛的构型为参照标准来确定的构型表示法。

例题引领

例 1 下列化合物有旋光性的是(　　)

A. 乙醇　　B. 乙酸　　C. 乙醛　　D. 乳酸

解析 先写出这些物质的结构简式,A 是 CH_3CH_2OH,B 是 $CH_3—\overset{\overset{O}{\|}}{C}—OH$,C 是 $CH_3—\overset{\overset{O}{\|}}{C}—H$,D 是 $CH_3—\overset{\overset{OH}{|}}{CH}—COOH$。再分析这些分子中是否含有手性碳原子,A、B、C 三个选项,分子中都不含手性碳原子,D 选项乳酸分子中有 1 个手性碳原子,有 1 个手性碳原子的化合物一定是手性分子,有旋光性。

答案 D

达标训练

一、选择题

1. 下列化合物中不存在顺反异构的是(　　)

A. 2-戊烯　　B. 2-甲基-2-丁烯　　C. 1,2-二氯乙烯　　D. 1-氯丙烯

2. 下列化合物中,不含有手性碳原子的是(　　)

A. 2-氯丁烷　　B. 乳酸　　C. 甘油醛　　D. 2-丙醇

3. 一对对映体物理性质上存在的差异是(　　)

A. 旋光度大小　　B. 旋光方向　　C. 熔沸点　　D. 溶解度

4. 手性分子的旋光方向与其构型的关系,以下说法中正确的是(   )

A. 无直接对应关系 B. D-构型为右旋 C. L-构型为左旋 D. L-构型为右旋

5. 下列说法正确的是(   )

A. 手性分子一定有旋光性 B. 偏振光就是具有单一颜色的光

C. 有手性碳原子的分子一定是手性分子 D. 2-甲基-3-氯戊烷有 2 个手性碳原子

二、综合题

1. 写出下列各化合物的费歇尔投影式。

① D-乳酸 ② L-甘油醛

2. 写出 C_4H_9Cl 的所有结构简式,如有手性碳原子请标出手性碳原子。

第六节　胺和酰胺

学习目标

1. 知道胺和酰胺的官能团,了解胺、酰胺、季铵盐、季铵碱的结构,学会胺和酰胺的命名。

2. 熟悉胺、酰胺、季铵盐、季铵碱的重要性质,会比较胺的碱性,能正确书写胺的酰化反应。

3. 知道胺、酰胺、季铵盐、季铵碱在生产生活及医药领域的应用,了解胺、酰胺、季铵盐、季铵碱对社会发展、人类生活和健康的重大影响。

重点难点

一、胺

1. 胺的结构

胺是氨(NH_3)分子中的氢原子被一个或几个烃基取代而生成的化合物。

2. 胺的分类

(1) 根据胺分子中氮原子所连烃基种类的不同,胺分为脂肪胺(R—NH_2)和芳香胺(Ar—NH_2)。

（2）根据胺分子中与氮原子相连的烃基数目不同，胺分为伯胺、仲胺、叔胺。

（3）根据分子中所含氨基的数目不同，胺分为一元胺、二元胺和多元胺。

3. 胺的命名

简单胺的命名，以胺为母体，烃基作取代基进行命名。当氮原子上连有一个简单烃基时，命名为某胺；若有几个相同的简单烃基，则命名为二某胺或三某胺；若烃基不相同，则简单烃基名称放在前面，复杂烃基放在后面。

芳香胺的氮原子上连有脂肪烃基时，以芳香胺为母体命名，在脂肪烃基名称前面加字母“N”，表示脂肪烃基连在氮原子上。

4. 胺的性质

伯胺（官能团为$—NH_2$）、仲胺（官能团为 $>NH$ ）和叔胺（官能团为 $>N—$ ）的官能团上氢原子数目不同，因此性质不同。

（1）胺的碱性：① 烃基种类不同时，胺的碱性强弱顺序为脂肪胺>氨>芳香胺，如甲胺>氨>苯胺。② 脂肪烃基数目不同时，胺的碱性强弱顺序为仲胺>伯胺>叔胺>氨，如二甲胺>甲胺>三甲胺。

（2）酰化反应：有机物分子中引入酰基的反应。常用的酰化剂是酰卤和酸酐。对胺来说，当胺分子的氮原子上有氢原子时，才能发生酰化反应，因此伯胺和仲胺都能发生酰化反应。但叔胺分子中氮原子上无氢原子，不能发生酰化反应。

二、季铵碱和季铵盐

季铵离子：氮原子上连有 4 个烃基的复杂离子。

季铵化合物：含有季铵离子的化合物。季铵化合物包括季铵盐和季铵碱。

三、酰胺

1. 酰胺的结构和命名

酰胺可看作是氨、伯胺或仲胺的氮原子上的氢被酰基（ $R—\overset{\overset{\displaystyle O}{\|}}{C}—$ ）取代所生成的化合物。酰胺的官能团为 $—\overset{\overset{\displaystyle O}{\|}}{C}—\overset{|}{N}—$ 。

酰胺的命名根据相应酰基的名称命名为“某酰胺”或“某酰某胺”。

2. 酰胺的理化性质

（1）酰胺的酸碱性：酰胺的水溶液近于中性。

（2）酰胺的水解反应：在酸、碱催化下，酰胺键都可以发生水解反应，生成羧酸和氨（或胺）。

3. 尿素的结构和化学性质

尿素从结构上可以看作是碳酸分子中的两个羟基分别被氨基取代后的产物,属于碳酸的酰胺,又称作碳酰胺。尿素的化学性质有以下三点:

(1) 弱碱性:尿素的碱性很弱,不能使红色石蕊试纸变蓝,但能与强酸作用。

(2) 水解反应:尿素具有酰胺的一般性质,在酸、碱或尿素酶的催化下容易水解。

(3) 缩合反应:将固体尿素缓慢加热至150~160 ℃(温度过高则分解),两分子尿素间失去一分子氨,生成缩二脲。缩二脲难溶于水,易溶于碱溶液。在缩二脲的碱溶液中加入少量硫酸铜溶液,即呈现紫红色,这个颜色反应称缩二脲反应。

凡分子中含有两个或两个以上酰胺键($-\overset{\overset{\displaystyle O}{\|}}{C}-\overset{|}{N}-$)结构的化合物,都能发生缩二脲反应,如多肽和蛋白质等。

四、苯胺

苯胺与溴水发生取代反应,立即生成白色沉淀。此反应可用于检验苯胺,但苯酚也能发生类似反应。

例题引领

例1 下列说法正确的是(　　)

A. 胺的碱性都比氨强　　B. 叔丁醇是叔醇,叔丁胺是伯胺

C. 胺都能发生酰化反应　　D. 苯胺易取代难氧化

解析 胺都有碱性,但不同结构的胺碱性强弱不同,脂肪胺的碱性>氨的碱性>芳香胺的碱性,故A错误;伯、仲、叔醇的分类是根据羟基所连的碳原子种类,叔丁醇羟基所连的碳原子为叔碳原子,所以叔丁醇是叔醇,但伯、仲、叔胺的分类是根据氨分子中的氢被烃基取代的数目,而叔丁胺只被一个烃基取代,所以叔丁胺为伯胺,故B正确;胺中的叔胺分子中氮原子上没有氢原子,不能发生酰化反应,故C错误;苯胺很容易被氧化,故D错误。

答案 B

例2 下列各组化合物不能用溴水鉴别的是(　　)

A. 苯胺和苯酚　　B. 乙烷和乙烯　　C. 苄胺和苯胺　　D. 苯胺和乙二胺

解析 苯胺和苯酚都能与溴水发生反应生成白色沉淀,故A选项不能用溴水鉴别;烷烃不能使溴水的红棕色褪去,但烯烃与溴水可以发生加成反应而使溴水的红棕色褪去,故B选项能用溴水鉴别;苯胺与溴水发生反应生成白色沉淀,但苄胺和乙二胺均不与溴水发生反应,故C、D选项能用溴水鉴别。

答案 A

达标训练

一、选择题

1. 下列化合物中,不能与酰化剂发生酰化反应的是(　　)

A. 二甲胺　　B. 甲乙胺　　C. 三甲胺　　D. 叔丁胺

2. 下列说法不正确的是(　　)

A. 脂肪胺的碱性都比氨强　　B. 叔丁胺是叔胺

C. 叔胺不能发生酰化反应　　D. 苯胺易取代也容易氧化

3. 下列化合物中碱性最强的是(　　)

A. 乙酰胺　　B. 二甲胺　　C. 三甲胺　　D. 甲胺

4. 下列关于苯胺的性质叙述,错误的是(　　)

A. 苯胺是溶于水的无色油状液体,易被空气氧化成红褐色

B. 苯胺有毒

C. 苯胺能与 HCl 反应生成盐

D. 苯胺能与乙酰氯反应生成乙酰苯胺

5. 下列化合物中,不能发生酰化反应的是(　　)

A. $CH_3CH_2NH_2$　　B. $CH_3-\overset{\overset{CH_3}{|}}{N}-CH_3$　　C. 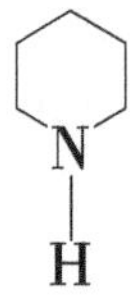 (六元环) $\underset{\underset{H}{|}}{N}$　　D. 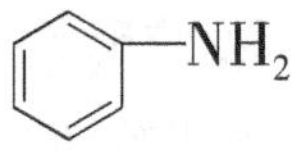 $C_6H_5-NH_2$

6. 新洁尔灭可用于外科手术时皮肤与器械的消毒,按其化学结构特点应属于(　　)

A. 叔胺　　B. 酰胺　　C. 内酰胺　　D. 季铵盐

7. 下列化合物中能发生水解反应的是(　　)

A. N-甲基苯胺　　B. 对甲基苯胺　　C. 苯甲胺　　D. 乙酰苯胺

8. 磺胺类药物的基本结构是(　　)

A. 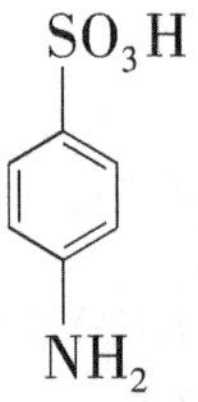 $\underset{NH_2}{\overset{SO_3H}{C_6H_4}}$　　B. $\underset{OH}{\overset{SO_2NH_2}{C_6H_4}}$　　C. $\underset{NH_2}{\overset{SO_2NH_2}{C_6H_4}}$　　D. 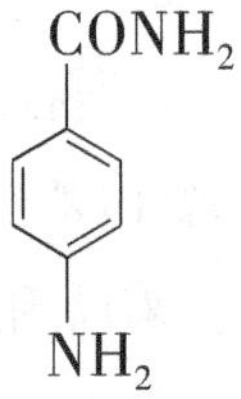 $\underset{NH_2}{\overset{CONH_2}{C_6H_4}}$

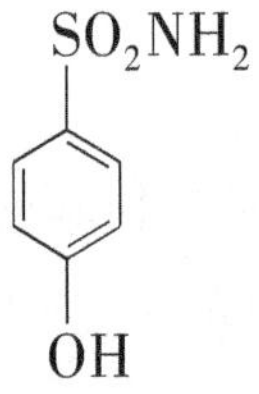

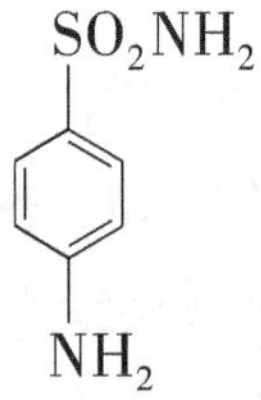

9. 下列化合物中,有水果香味的是(　　)

A. 低级酰卤　　B. 低级酸酐　　C. 低级酯　　D. 低级酰胺

10. 下列关于尿素的叙述不正确的是(　　)

A. 能发生缩二脲反应　　B. 具有弱碱性

C. 是人体蛋白质代谢的最终产物　　D. 能在一定条件下发生水解反应

二、填空题

1. 根据胺分子中氮原子上连接烃基的多少,胺可以被分为________、________、和________。例如,甲胺属于________胺;二甲胺属于________胺;三甲胺属于________胺;叔丁胺属于________胺。

2. 从结构看,胺是________分子中的氢原子被________取代后生成的化合物。

3. 在有机物分子中引入________的反应称为酰化反应。常用的酰化剂有________和________。

4. 尿素又称________,也叫碳酰胺,是哺乳动物体内________代谢的最终产物。从结构上看,尿素是____________________被氨基取代的化合物。尿素________(填"能"或"不能")与强酸生成盐。

三、综合题

1. 根据名称写出结构简式或用系统命名法命名下列化合物。

① 甲乙胺　　② 尿素　　③ 溴化四甲铵

④ 甲酰胺　　⑤ 对氨基苯磺酰胺　　⑥ $CH_3CON(CH_3)_2$

⑦ —NH—C_2H_5　　⑧ O ‖ —CNHCH_3　　⑨ CH_3 | —N—CH_3

2. 完成下列反应式。

(1) H_3C——NH_2 +$(CH_3CO)_2O$ ⟶

(2) NH_2 +$3Br_2$ $\xrightarrow{H_2O}$

3. 用化学方法鉴别下列化合物。

(1) 苯胺、苯酚、苯甲醇

(2) 苯胺、甲胺、三甲胺

第八章

维系生命的营养物质——脂类

知识领航

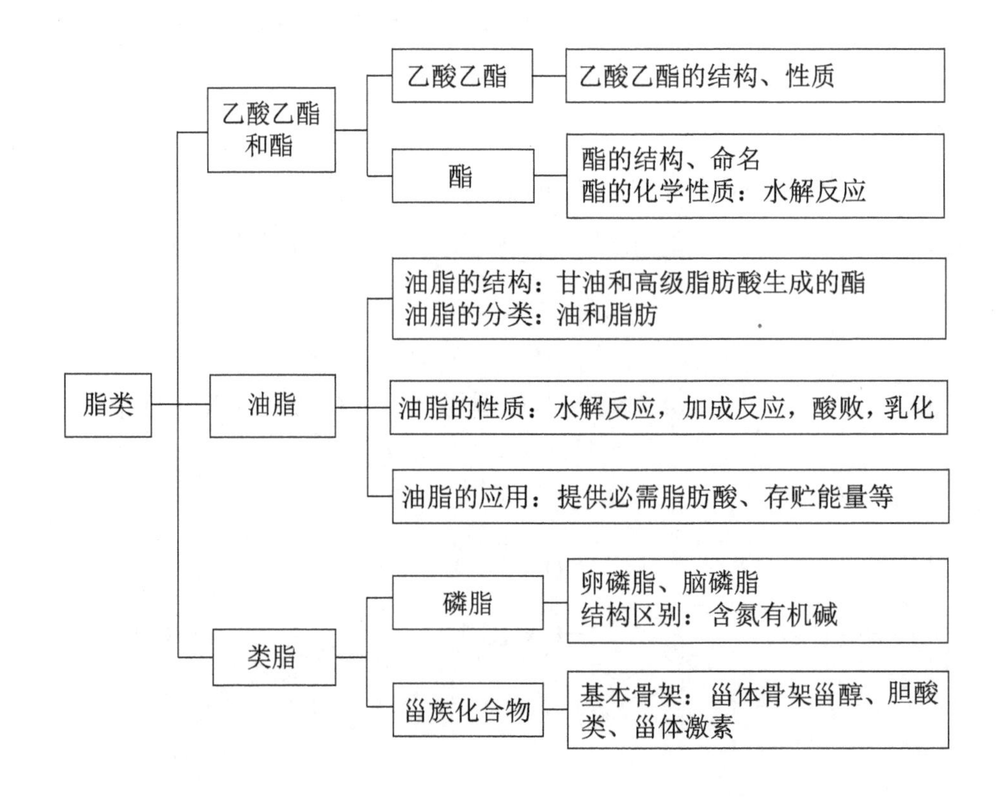

第一节　乙酸乙酯和酯

学习目标

1.知道乙酸乙酯和酯的结构和命名。

2.掌握乙酸乙酯和酯的水解反应等典型化学性质。

3.了解低级酯的物理性质及低级酯的香味和应用。

重点难点

一、乙酸乙酯

乙酸乙酯是乙酸和乙醇酯化反应的产物，结构简式为 $CH_3—\overset{\overset{\displaystyle O}{\|}}{C}—OCH_2CH_3$ 。

乙酸乙酯易发生水解反应，水解产物是乙酸和乙醇，是酯化反应的逆反应。

二、酯

1. 酯的结构和命名

酰基和烃氧基相连而成的化合物叫作酯。酯的通式为 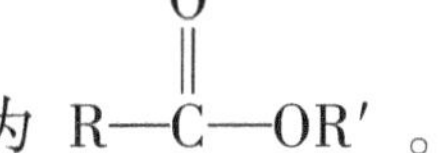 。

酯依据生成酯的羧酸和醇来命名，称为“某酸某酯”。正确判断酰基和烃氧基是命名和书写酯结构的关键。

2. 酯的理化性质

酯一般比水轻，难溶于水，易溶于有机溶剂。低级酯存在于各种水果和花草中，具有芳香气味，可作为食品或日用品的香料。

酯能发生水解反应，生成相应的羧酸和醇。酯的水解反应是酯化反应的逆反应，在少量酸、碱作为催化剂时，可加速反应的进行。在碱性条件下，酯的水解反应可以进行完全。

3. 酯在医药领域中的应用

具有有机酸酯结构的典型药物有阿司匹林、红霉素、阿奇霉素等。

例题引领

例 1　下列各组化合物中可以反应生成乙酸异丙酯的是(　　)

A. 乙酸和丙醇　　B. 异丙酸和乙醇

C. 乙酸和异丙醇　　D. 异丙酸和丙醇

解析　酯是按照生成酯的羧酸和醇来命名的，羧酸的名称在前，醇的名称在后，将“醇”字换成“酯”字，称为“某酸某酯”。乙酸异丙酯前面部分是“乙酸”，后面部分是“异丙醇”，因此是由乙酸和异丙醇反应生成的。

答案　C

例 2　下列化合物中，属于酯类的是(　　)

A. 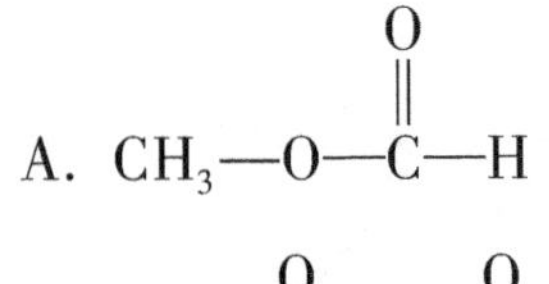 $CH_3-O-\overset{\overset{O}{\|}}{C}-H$

B. $CH_3-\overset{\overset{O}{\|}}{C}-CH_3$

C. $CH_3-\overset{\overset{O}{\|}}{C}-O-\overset{\overset{O}{\|}}{C}-CH_3$

D. $CH_3-\overset{\overset{O}{\|}}{C}-OH$

解析　酯的官能团为 $-\overset{\overset{O}{\|}}{C}-O-$ ，A 选项正确；B 选项为丙酮，C 选项为乙酐，D 选项为乙酸。

答案　A

达标训练

一、选择题

1. $CH_3-\overset{\overset{O}{\|}}{C}-O-CH_2CH_2CH_3$ 的名称是(　　)

A. 丙酸乙酯　　B. 乙酸丙酯　　C. 丁酸甲酯　　D. 甲酸丁酯

2. 乙酸乙酯在 KOH 溶液催化下水解，得到的产物是(　　)

A. 乙酸钾和甲醇　　B. 乙酸和甲醇　　C. 乙酸钾和乙醇　　D. 乙酸和乙醇

3. 酯的结构通式为(　　)

A. RCOR′　　B. RCOOR′　　C. RCOOH　　D. RCHO

4. 苯甲酸和乙醇在浓硫酸作催化剂条件下发生的反应，属于(　　)

A. 氧化反应　　B. 加成反应　　C. 聚合反应　　D. 酯化反应

5. 下列物质属于酯类的是(　　)

A. HCOONa　　B. CH_3COOH

C. 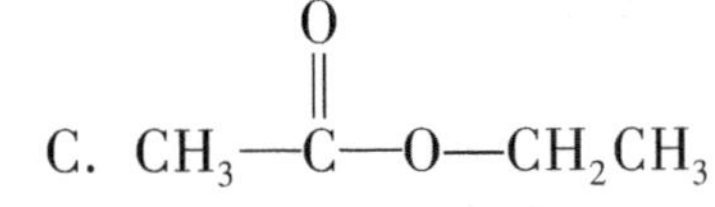 $CH_3-\overset{\overset{O}{\|}}{C}-O-CH_2CH_3$

D. $CH_3-\overset{\overset{OH}{|}}{CH}-COOH$

二、命名下列化合物或写出结构简式

① $CH_3-CH_2-\overset{\overset{O}{\|}}{C}-O-CH_2CH_3$

② $C_6H_5-O-\overset{\overset{O}{\|}}{C}-H$

③ 乙酰基　　④ 乙氧基　　⑤ 苯甲酸甲酯

第二节　油脂

学习目标

1. 熟悉油脂的结构和分类，知道必需脂肪酸的种类和意义。

2. 掌握油脂的性质。

3. 了解油脂在生活中的应用及油脂在生命活动中的意义，感悟脂类化合物在促进有机化学工业发展和生命健康中的意义。

重点难点

一、油脂的结构和分类

油脂是油和脂肪的总称。从结构上看，油脂是 1 分子甘油和 3 分子高级脂肪酸生成的酯，其通式为

$$
\begin{array}{l}
\qquad\qquad\quad \mathrm{O} \\
\qquad\qquad\quad \| \\
\mathrm{CH_2-O-C-R_1} \\
| \qquad\qquad\; \mathrm{O} \\
| \qquad\qquad\; \| \\
\mathrm{CH-O-C-R_2} \\
| \qquad\qquad\; \mathrm{O} \\
| \qquad\qquad\; \| \\
\mathrm{CH_2-O-C-R_3}
\end{array}
$$

。

常见的饱和脂肪酸有硬脂酸、软脂酸，不饱和脂肪酸有油酸、亚油酸、亚麻酸和花生四烯酸等。其中，亚油酸、亚麻酸和花生四烯酸是必需脂肪酸。一般含较多不饱和脂肪酸成分的油脂常温下呈液态，因此，油通常比脂肪含更多的不饱和脂肪酸。

二、油脂的性质

油脂的性质包括水解反应、加成反应、酸败和乳化。油脂在碱性条件下的水解反应是皂化反应，产物是甘油和高级脂肪酸盐（肥皂）。含有不饱和高级脂肪酸成分的油脂，能发生加氢、加碘等加成反应。油脂在一定条件下可发生酸败（主要发生了氧化反应和水解反应），酸败的油脂不能食用。乳化剂能使油脂形成比较稳定的乳浊液，乳化剂分子由亲水基和亲油基两部分构成。肥皂、洗洁精是生活中常用的乳化剂；人体内的乳化剂是胆汁酸盐，参与体内脂肪代谢。

三、油脂的应用

油脂分布十分广泛，存在于各种植物的种子、动物的组织和器官中。油脂是生物维持正常生命活动不可缺少的物质，是生物体内贮存能量的物质。

例题引领

例 1 下列油脂的性质,不属于化学性质的是(　　)

A. 水解反应　　B. 酯化反应　　C. 加成反应　　D. 乳化作用

解析 油脂的化学性质包括水解反应、加成反应和氧化反应,乳化是物理现象,不是化学性质,所以答案选 D。

答案 D

例 2 既能发生水解反应,又能发生加成反应的是(　　)

A. 三油酸甘油酯　　B. 三硬脂酸甘油酯　　C. 异戊酸乙酯　　D. 油酸

解析 酯能发生水解反应,由于油酸是不饱和脂肪酸,所以在三油酸甘油酯中含有双键,可以与氢、碘等试剂发生加成反应,符合题意的为 A 项。

答案 A

达标训练

一、选择题

1. 猪油在碱性条件下的水解反应被称为(　　)

A. 酯化反应　　B. 还原反应　　C. 皂化反应　　D. 水解反应

2. 一般成年人体内贮存的脂肪约占体重的质量分数是(　　)

A. 15%~25%　　B. 30%~35%　　C. 50%~55%　　D. 5%~10%

3. 下列关于油脂的叙述不正确的是(　　)

A. 油脂属于酯类

B. 天然油脂一般无固定的熔、沸点

C. 油脂通常比水轻,不溶于水

D. 不饱和高级脂肪酸成分多的油脂常温下为固态

4. 关于油脂酸败的描述,不正确的是(　　)

A. 油脂的酸败是因为油脂发生了水解反应和氧化反应

B. 空气、水分、光、热和霉菌都可以导致或加速油脂的酸败

C. 酸败的油脂不影响正常的食用

D. 酸败的油脂具有明显酸性

5. 天然油脂水解后共同的产物是(　　)

A. 甘油　　B. 硬脂酸　　C. 软脂酸　　D. 油酸

6. 下列物质或主要成分属于酯类的是(　　)

① 花生油　② 甘油　③ 人造奶油　④ 石油　⑤ 汽油　⑥ 硝酸甘油　⑦ 润滑油

A. ②④⑦　　B. ①③⑥　　C. ⑤⑥⑦　　D. ②⑤

7. 在下列哪种条件下,油脂易发生酸败反应(　　)

A. 将油放在棕色瓶内保存　　B. 在油中添加抗氧化剂

C. 将油密封保存　　D. 将油放在阳光下暴晒

8. 不属于必需脂肪酸的是(　　)

A. 亚油酸　　B. 亚麻酸　　C. 油酸　　D. 花生四烯酸

9. 普通肥皂的成分是(　　)

A. 高级脂肪酸钠盐　　B. 高级脂肪酸钾盐

C. 高级脂肪酸　　D. 甘油

10. 下列物质名称与结构简式不符的是(　　)

A. 软脂酸：$C_{15}H_{31}COOH$

B. 油酸(9-十八碳烯酸)：$C_{17}H_{27}COOH$

C. 硬脂酸：$C_{17}H_{35}COOH$

D. 亚油酸(9,12-十八碳二烯酸)：$CH_3(CH_2)_3(CH_2CH=CH)_2(CH_2)_7COOH$

二、填空题

1. 油脂水解的产物包括________和________,它们通过酯化反应生成甘油三酯。油脂的结构通式为________。

2. 用油脂水解制取高级脂肪酸和甘油,通常选择的条件是________。若制取肥皂和甘油,则选择的条件是________。酯在碱性条件下的水解反应都被称为________。

3. 常温下,呈液态的油脂称为________,含有较多________脂肪酸;而呈固态的油脂称为________,含有较多________脂肪酸。

4. 乳化剂结构特点是分子结构中含有________基和________基。

三、综合题

1. 什么是必需脂肪酸？举例说明。

2. 什么是油脂的酸败？酸败的油脂能否食用？如何防止油脂的酸败？

第三节　类脂

学习目标

1. 熟悉类脂的概念，熟悉磷脂和甾族化合物的结构特征。
2. 熟悉磷脂水解和甾族化合物的主要性质，理解性质的应用。
3. 了解磷脂和甾族化合物在医药领域的应用，养成职业素养和健康意识。

重点难点

重要的类脂有磷脂和甾族化合物。

一、磷脂

磷脂是含有磷酸二酯结构的脂肪酸甘油酯，水解产物中除甘油和 2 分子高级脂肪酸外，还有 1 分子磷酸和 1 分子含氮有机碱，性质和结构都与油脂相似。重要的磷脂有卵磷脂和脑磷脂，二者的组成区别在于含氮有机碱部分，卵磷脂(磷脂酰胆碱)含胆碱，脑磷脂(磷脂酰胆胺)含胆胺。卵磷脂与脂肪的吸收和代谢有密切的关系，具有抗脂肪肝的作用；脑磷脂存在于血小板内，与血液的凝固有关，其中能促进血液凝固的凝血激酶就是由脑磷脂和相应蛋白质组成的。

二、甾族化合物

甾族化合物又称为甾体化合物或类固醇化合物。甾族化合物的结构上都含有一个环戊烷并多氢菲的骨架，中文“甾”字的“田”表示稠合四环，而“巛”则代表骨架中的 3 条侧链。环戊烷并多氢菲环上的碳原子有特定的编号方法。重要的甾族化合物有甾醇、胆酸和甾体激素。

例题引领

例 1　下列选项中，不属于类脂的有(　　)

A. 胆固醇　　B. 甘油三酯　　C. 脑磷脂　　D. 胆酸

解析　重要的类脂有磷脂和甾族化合物，胆固醇、胆酸都属于甾族化合物，脑磷脂属于磷脂，甘油三酯属于油脂，所以选 B。

答案　B

例 2 下列化合物中，不属于甾族化合物的是(　　)

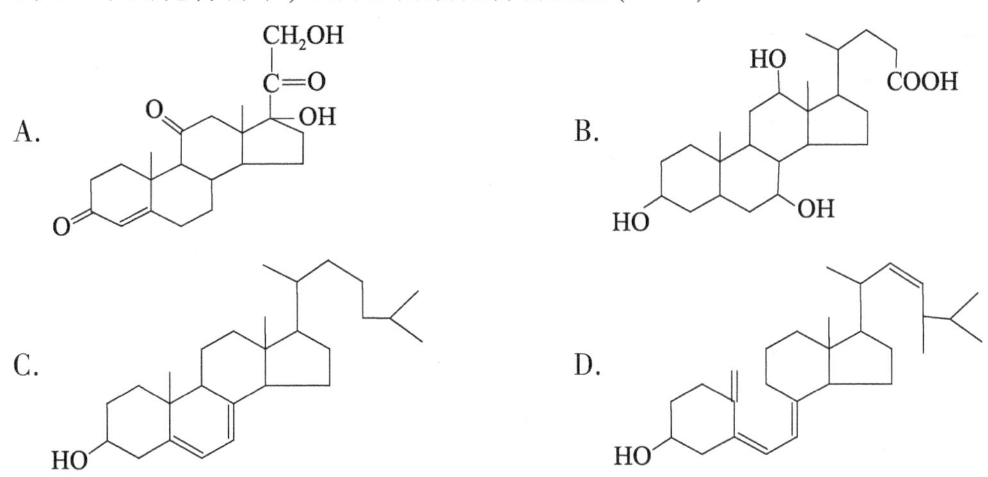

解析 甾族化合物的基本结构包含一个环戊烷并多氢菲结构，在环戊烷并多氢菲结构的 10、13、17 号碳原子上分别有 1 个侧链。A、B、C 选项的结构都具有甾族化合物的基本结构，D 选项的结构中环戊烷并多氢菲结构的 1 个环被打开，不具有甾族化合物的基本结构，所以选 D。

答案 D

达标训练

一、选择题

1. 脑磷脂完全水解的产物中没有(　　)

A. 高级脂肪酸　　B. 胆胺　　C. 磷酸　　D. 胆碱

2. 甾族化合物的母核结构都含有(　　)

A. 环戊烷并多氢菲　　B. 环己烷并多氢菲　　C. 苯并多氢菲　　D. 环己烷并多氢蒽

3. 经过日光或紫外线照射，能转变为维生素 D 的是(　　)

A. 麦角甾醇　　B. 胆固醇　　C. 胆酸　　D. 薄荷醇

4. 胆汁酸盐可以帮助油脂在体内消化吸收，是因为胆汁酸盐具有(　　)

A. 酯化作用　　B. 水解作用　　C. 乳化作用　　D. 渗透作用

5. 下列物质中与血液的凝固有关的是(　　)

A. 卵磷脂　　B. 脑磷脂　　C. 脂肪　　D. 胆固醇

二、填空题

1. 磷脂包括________、________等，它们对应的含氮有机碱分别为________和________。

2. ________和________可以分别转化成维生素 D_2 和维生素 D_3。D 族维生素是________(填“水溶性”或“脂溶性”)维生素，可以促进人体对________、________的吸收，能防治________和________。

3. 胆汁酸盐是人体内重要的甾体化合物,可以使油脂________,促进脂肪的代谢。

三、综合题

1. 简述油脂和磷脂在组成上有何异同。

2. 血液中的胆固醇含量过高易引起动脉粥样硬化等疾病。收集资料,了解常见食品中的胆固醇含量,调整家人的饮食结构,科学认识胆固醇。

第九章 中草药中常见的活性物质——生物碱

知识领航

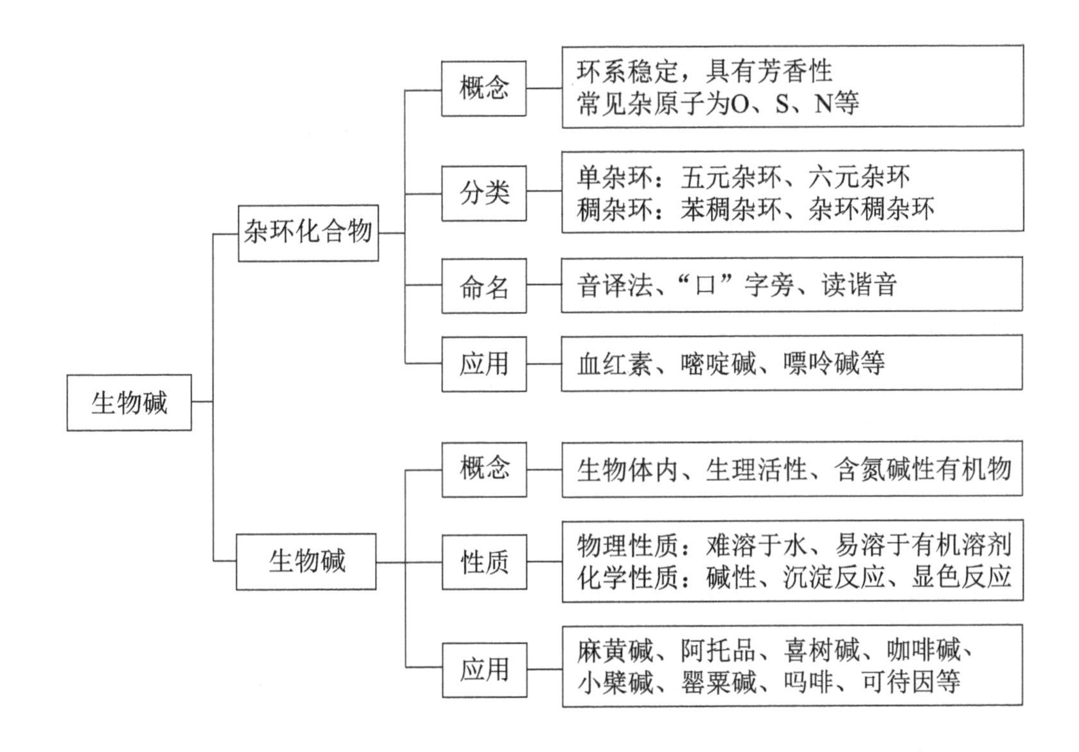

第一节　杂环化合物

学习目标

1. 知道杂环化合物的概念、分类和名称来源，比较茂与五元杂环、苯与六元杂环的异同点，进行常见杂环化合物的结构书写和命名。

2. 了解血红素、嘧啶碱、嘌呤碱中的杂环化合物。

3. 查阅收集含杂环结构药物的说明书，正确辨识其中的杂环化合物。

重点难点

一、杂环化合物的概念

杂环化合物通常指由碳原子和其他原子共同构成的环状化合物。在内酯、内酰胺等化合物的结构中，虽然也有杂环，但容易开环，因此内酯、内酰胺等不归属杂环化合物。

二、杂环化合物的分类和命名

杂环化合物按分子中含环数目可以分为单杂环和稠杂环两类。单杂环又按环的大小分为五元杂环和六元杂环。稠杂环按参加稠合的环的种类，分为苯稠杂环和杂环稠杂环。

杂环化合物的命名统一采用音译法，如呋喃（Furan）。

例题引领

例 1　下列化合物中，含有杂环结构的是(　　)

A. 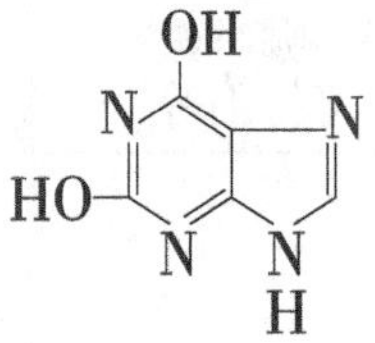 (OH, N, N, HO, N, N, H)　B. 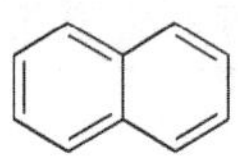　C.  $NHCH_3$　D. 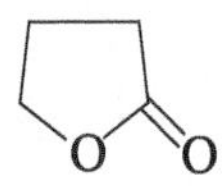 (O, O)

解析　A 选项中含嘌呤结构，B 选项是稠环芳烃萘，C 选项是胺类，D 选项是内酯。解题时只要找形成环的原子有杂原子的，内酯、内酰胺除外。

答案　A

例 2　下列化合物中，嘌呤环的编号正确的是(　　)

A. 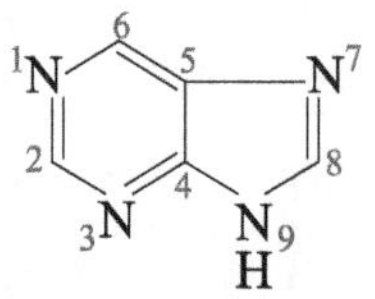　B. 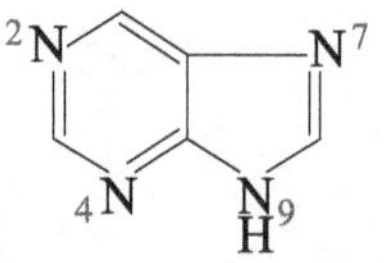　C. 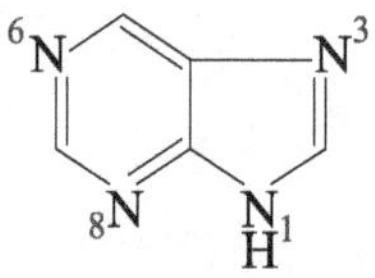　D.

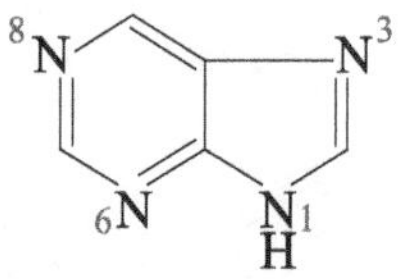

解析　嘌呤环(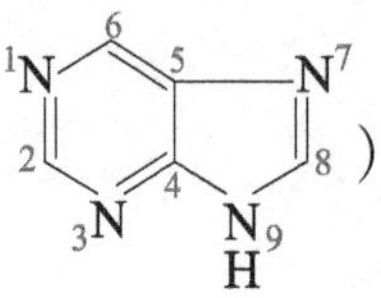　)的编号是固定的，对照记忆即可。

答案　A

达标训练

一、选择题

1. 下列化合物中,不属于杂环化合物的是(　　)

A. 　　　　B. 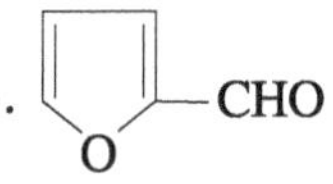 O　CHO　　　　C.  N　　　　D. 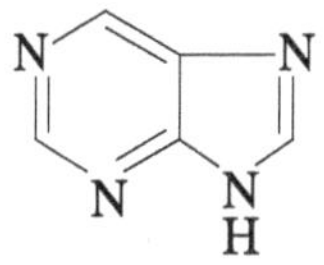 N　N　N　N H

2. 下列化合物中,不属于五元杂环的是(　　)

A. 吡咯　　　　B. 呋喃　　　　C. 噻吩　　　　D. 吡啶

3. 下列化合物中,不属于六元杂环的是(　　)

A. 吡喃　　　　B. 嘧啶　　　　C. 噻吩　　　　D. 吡啶

4. 下列化合物中,属于稠杂环的是(　　)

A. 吡喃　　　　B. 吡啶　　　　C. 嘌呤　　　　D. 嘧啶

二、判断题

1. 杂环化合物结构中不存在碳环结构,包括的杂原子主要是 O、S、N 等。(　　)

2. 杂环化合物包括单杂环和稠杂环,单杂环有五元杂环和六元杂环。(　　)

3. 杂环化合物一般是指组成杂环的环系比较稳定,具有一定芳香性的杂环化合物。(　　)

三、填空题

1. 杂环化合物是由________________共同构成的环状化合物。环中的非碳原子叫________,常见的杂原子有________、________、________等。

2. 杂环化合物可分为单杂环和稠杂环两类。单杂环中按环的大小分为________杂环和________杂环两类。稠杂环通常又分为________杂环和________杂环两类。呋喃的结构为________,属于________杂环,嘌呤的结构为________,属于________杂环。

四、综合题

1. 命名或写出下列化合物的结构简式。

① β-甲基呋喃　　　　② 嘧啶　　　　③ 嘌呤

④ 吡咯　　　　⑤ NH_2 N N N N H　　　　⑥ CH_3 N H

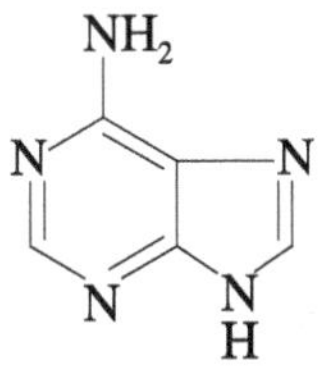

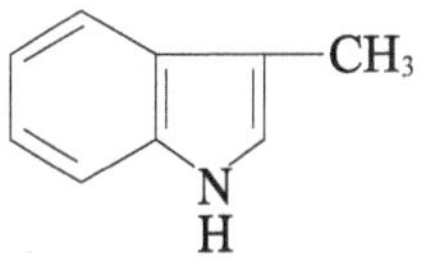

2. 糠醛是从玉米芯等农副产品中提取的重要化工原料，化学名为 α-呋喃甲醛，请写出糠醛的结构简式，以及鉴别呋喃和糠醛的方法。

第二节　生物碱

学习目标

1. 知道生物碱的概念，会判断常见的生物碱。

2. 知道生物碱的一般性质并进行简单的鉴别和应用。

3. 了解麻黄碱、阿托品、黄连素等常见的药用生物碱的结构、名称、性质及简单药理作用，知道海洛因等毒品的社会危害性。

重点难点

一、生物碱的概念

生物碱是一类存在于生物体内具有明显生理活性的含氮碱性有机物，又称植物碱。多数生物碱具有一定的生理作用和药用价值，是中草药的有效成分。

二、生物碱的一般性质

生物碱有碱性，能与酸反应生成易溶于水的生物碱盐；许多生物碱能与生物碱沉淀剂生成沉淀；许多生物碱能与生物碱显色剂呈现不同的颜色。

例题引领

例 1　下列关于生物碱的叙述不正确的是(　　)

A. 一般具有弱碱性　　B. 具有显著的生理特性

C. 分子不含有 N 原子　　D. 存在于生物体中

解析　生物碱是一类存在于生物体内具有明显生理活性的含氮碱性有机物。

答案　C

例 2　下列化合物中，不属于生物碱的是(　　)

A. 麻黄碱　　B. 阿托品　　C. 嘌呤　　D. 吗啡

解析　嘌呤是杂环化合物，不符合生物碱的概念。

答案　C

达标训练

一、选择题

1. 下列关于生物碱的叙述错误的是（　　）

A. 生物碱一定来自生物体　　B. 生物碱都有显著的生理活性

C. 生物碱都有含氮的杂环化合物　　D. 生物碱能与酸作用生成盐

2. 以下物质不属于生物碱的是（　　）

A. 尼古丁　　B. 黄连素　　C. 麻黄素　　D. 磺胺嘧啶

3. 以下生物碱属于毒品的是（　　）

A. 冰毒　　B. 黄连素　　C. 麻黄素　　D. 喜树碱

4. 临床上，黄连素的主要用于（　　）

A. 止痛、止咳　　B. 安定　　C. 胃肠炎　　D. 支气管哮喘

5.以下生物碱，被国家界定为毒品，但在临床允许管制使用的是（　　）

A. 可待因　　B. 冰毒　　C. 咖啡因　　D. 黄连素

6. 不能和鞣酸（生物碱沉淀剂）发生沉淀反应的是（　　）

A. 可待因　　B. 咖啡因　　C. 松节油　　D. 尼古丁

二、填空题

1. 生物碱是________________________________有机化合物。生物碱多为________色或________色的固体，只是少数是液体。生物碱一般________溶于水，________溶于有机溶剂。生物碱可以和________（填“酸”或“碱”）反应生成盐而溶于水中。

2. 麻黄素（$C_6H_5-C(H)(OH)-C(H)(NHCH_3)-CH_3$）分子中，________（填“存在”或“不存在”）杂环结构，麻黄素________（填“具有”或“不具有”）碱性，麻黄素的分子组成为________（按 H、C、O、N 顺序）。

三、综合题

1. 何谓生物碱？为什么临床上生物碱药物常被制成硫酸盐或盐酸盐？写出 2 个临床使用的生物碱药物的名称。

2. 写出下列物质中的杂环结构的名称。

① 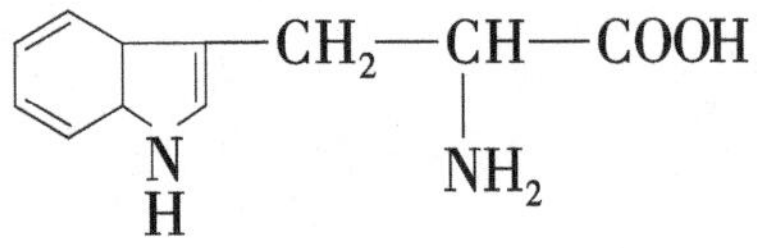 色氨酸（一种氨基酸）

② 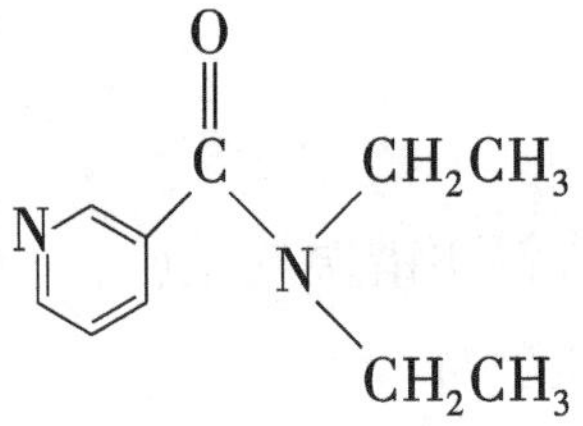 尼可刹米（一种中枢兴奋药）

③ 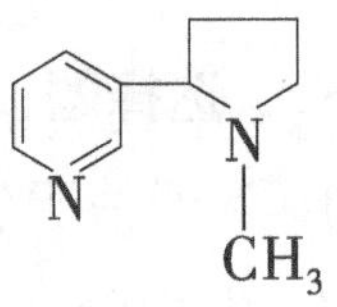 尼古丁（烟草中的生物碱）

3. 写出小檗碱的外观和俗名。小檗碱主要从何种中药材中提取？小檗碱的主要临床应用是什么？

4. 请根据青霉素的结构，回答以下问题：① 说出青霉素分子中五元杂环的名称；② 为什么青霉素有弱酸性？③ 为什么青霉素在配制成溶液后必须尽快使用？

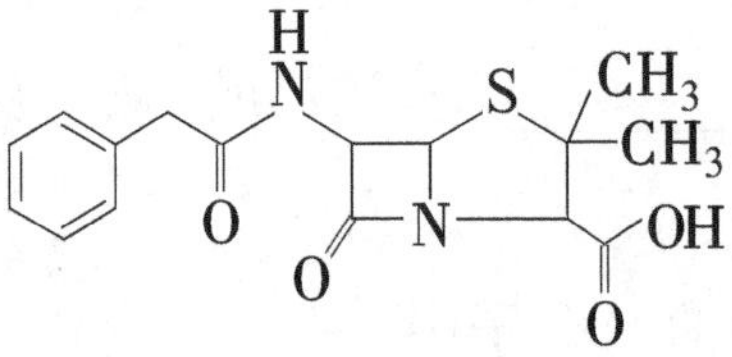

青霉素

第十章 维系生命的营养物质——糖类

知识领航

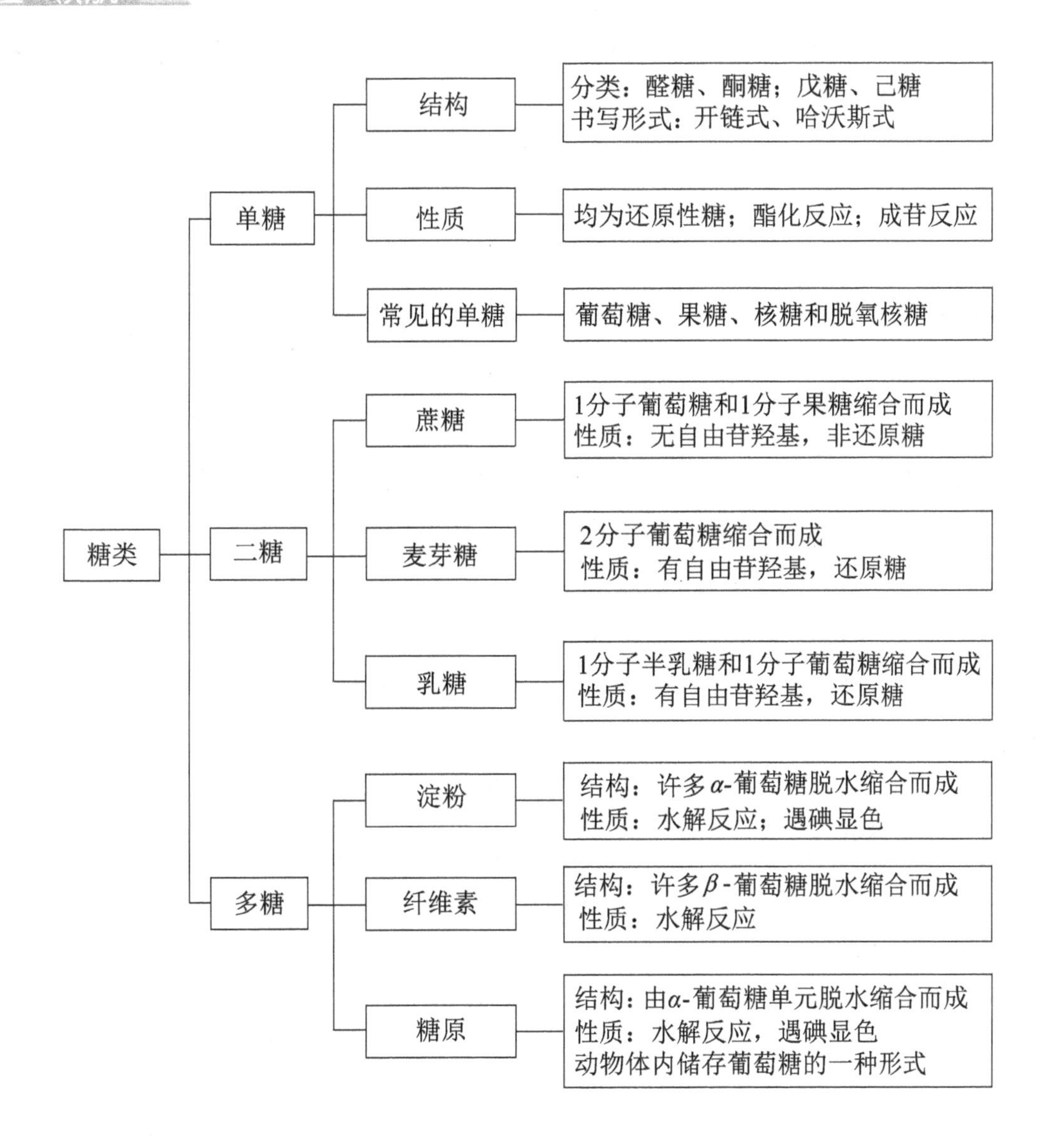

第一节　单糖

学习目标

1. 了解糖类的概念及分类。

2. 掌握单糖(葡萄糖、果糖、核糖和脱氧核糖)的结构和化学性质,学会书写葡萄糖和核糖的哈沃斯式结构。

3. 知道葡萄糖在临床上的应用,增强化学学科知识的理解能力,提高专业认同感。

重点难点

糖类是多羟基醛或多羟基酮及它们的脱水缩合产物。根据能否水解及水解产物的不同,糖类可以分为单糖、低聚糖、多糖。

单糖是不能再水解的糖。单糖可分为醛糖和酮糖,属于多羟基醛的称为醛糖,属于多羟基酮的称为酮糖。根据其所含碳原子的数目,可分为丙糖、丁糖、戊糖和己糖等。

一、单糖的结构

(1) 葡萄糖为己醛糖,开链式中 C_1 上的醛基与 C_5 上的羟基反应能形成半缩醛环状结构,其中的半缩醛羟基称为苷羟基。因为苷羟基构型的不同,环状结构的葡萄糖可分为 *α*-型和 *β*-型两种。在水溶液中,开链结构和环状结构的葡萄糖可以互变并形成平衡体系,环状结构的葡萄糖既可以用氧环式也可以用哈沃斯式来表示。在 *β*-葡萄糖的哈沃斯式中,5 个大基团($C_1 \sim C_4$ 上的羟基以及 C_5 上的羟甲基)的位置是上下交错的。

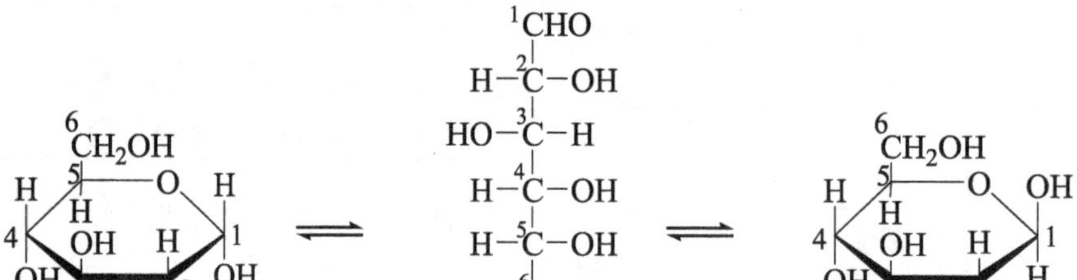

α-葡萄糖（哈沃斯式）　　葡萄糖（开链式）　　*β*-葡萄糖（哈沃斯式）

(2) 果糖为己酮糖,和葡萄糖互为同分异构体。

(3) 核糖和脱氧核糖都是戊醛糖。*β*-核糖的哈沃斯式为

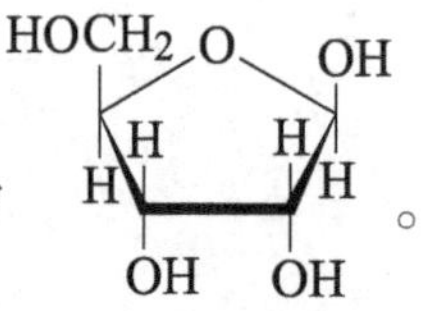

β-核糖

。

二、单糖的化学性质

1. 还原性

所有单糖都是还原糖，能被托伦试剂、班氏试剂和费林试剂等碱性弱氧化剂氧化。

2. 酯化反应

单糖分子中的羟基能与酸反应生成酯。如在人体内酶的催化作用下，葡萄糖能和磷酸作用生成 α-葡萄糖-1-磷酸酯、α-葡萄糖-6-磷酸酯等。糖的酯化反应是糖代谢的重要步骤。

3. 成苷反应

单糖分子中的苷羟基和醇或酚中的羟基发生脱水缩合反应生成缩醛结构的糖苷，此反应称为成苷反应。糖苷由糖和非糖两部分组成，糖的部分称为糖苷基，非糖部分称为配糖基。糖苷基和配糖基之间连接的键称为苷键。糖苷在自然界分布广泛，多数具有生理活性。

三、医学上常见的单糖

葡萄糖是自然界分布最广的单糖。人体血液中的葡萄糖称为血糖。正常人在空腹状态下血糖浓度为 3.9~6.1 mmol/L。

核糖是核糖核酸（RNA）的重要组成部分，脱氧核糖是脱氧核糖核酸（DNA）的重要组成部分。

例题引领

例 1 糖类和我们的生活息息相关，下列有关糖类化合物的叙述正确的是（　　）

A. 糖类均有甜味

B. 糖类是多羟基醛或多羟基酮及它们的脱水缩合产物

C. 糖类均可水解

D. 糖类是碳和水形成的化合物

解析 糖类不一定有甜味，选项 A 错误；糖类是多羟基醛或多羟基酮及它们的脱水缩合产物，选项 B 正确；糖类包括单糖、二糖、多糖，单糖不能水解，选项 C 错误；糖类主要由 C、H、O 三种元素组成，但不能说糖类是碳和水形成的化合物，选项 D 错误。

答案 B

例 2 在一定条件下既可以发生氧化反应（不包括燃烧氧化），又可以发生还原反应（Ni 催化加氢），还可以和酸发生酯化反应的是（　　）

A. 乙醇　　B. 乙醛　　C. 乙酸　　D. 葡萄糖

解析 因为乙醇不能催化加氢发生还原反应，乙醛、乙酸不能和酸发生酯化反应，故选 D。

答案 D

例 3 下列对葡萄糖的叙述错误的是(　　)

A. 葡萄糖是一种多羟基醛　　B. 葡萄糖是一种有甜味的物质

C. 葡萄糖能水解生成乙醇　　D. 葡萄糖是一种还原性糖

解析 根据葡萄糖的结构式可以知道葡萄糖是一种多羟基醛,选项 A 正确;葡萄糖是很多有甜味物质的主要成分,选项 B 正确;葡萄糖是一种单糖,单糖不能水解,选项 C 错误;葡萄糖含有醛基,醛基具有还原性,能发生银镜反应,选项 D 正确。

答案 C

达标训练

一、选择题

1. 下列物质的主要成分不包括糖类的是(　　)

A. 棉花　　B. 豆油　　C. 木材　　D. 小麦

2. 下列化合物中,属于酮糖的是(　　)

A. 葡萄糖　　B. 果糖　　C. 核糖　　D. 脱氧核糖

3. 单糖不能进行的化学反应是(　　)

A. 水解反应　　B. 酯化反应　　C. 成苷反应　　D. 氧化反应

4. 下列化合物中,不存在苷羟基的是(　　)

A. 葡萄糖　　B. 果糖

C. α-葡萄糖-6-磷酸酯　　D. β-葡萄糖甲苷

5. 下列化合物中,不能发生费林反应的是(　　)

A. 果糖　　B. 甲酸　　C. 乙醛　　D. 苯甲醛

6. 临床上曾被用于检验尿糖的是(　　)

A. 托伦试剂　　B. 费林试剂

C. 班氏试剂　　D. 新制的 $Cu(OH)_2$ 悬浊液

7. 能用于区别 β-葡萄糖和 β-葡萄糖甲苷的试剂是(　　)

A. 托伦试剂　　B. 费林试剂　　C. 班氏试剂　　D. 以上都可以

8. 在分子（结构式：6 CH_2OH，5，O，H，H，4，H，OH，H，1，OH，OH，3，2，H，OH）中,苷羟基连接的碳的编号是(　　)

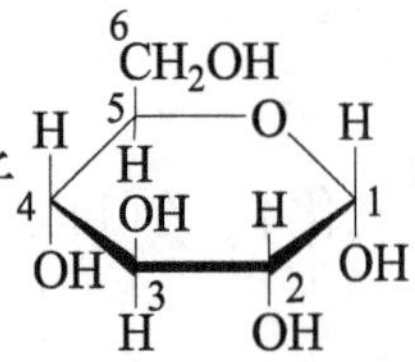

A. 1　　B. 2　　C. 4　　D. 6

9. 糖分子中的苷羟基属于(　　)

A. 醇羟基　　B. 酚羟基

C. 半缩醛羟基或半缩酮羟基　　D. 以上都对

10. 糖分子中不可能存在的官能团是(　　)

A. 羟基　　B. 醛基　　C. 酮基　　D. 羧基

二、填空题

1. 从化学结构看,糖类化合物是________或________及它们的脱水缩合产物。

2. 根据水解情况,糖类化合物可分为________糖、________糖和________糖三类;根据官能团分类,单糖可分为________糖和________糖。

3. 人体血液中的________称为血糖。正常人空腹状态下血糖浓度为________mmol/L。

4. 糖苷由____________和____________两部分组成。____________称为糖苷基,____________称为配糖基。糖苷基和配糖基相结合的键称为____________。

5. 常见的单糖有________、________、________和________等。

三、综合题

1. 写出葡萄糖开链式结构和β-葡萄糖哈沃斯式结构。

2. 用化学方法鉴别乙醇、乙酸、甘油、葡萄糖。

第二节　二糖

学习目标

1. 了解二糖的分类和结构。
2. 掌握常见二糖的氧化反应和水解反应。
3. 熟悉常见二糖在生活和医药领域中的应用。

重点难点

二糖是最重要的低聚糖。二糖可以看成是两分子的单糖脱水缩合而成的糖苷。根据分子中是否含有苷羟基,分为还原性二糖和非还原性二糖。常见的二糖包括蔗糖、麦芽糖和乳糖等。

一、蔗糖

蔗糖是自然界分布最广的二糖。蔗糖由α-葡萄糖的苷羟基与β-果糖的苷羟基脱水缩合而成,既属于α-葡萄糖苷,也属于β-果糖苷。蔗糖分子中不存在自由苷羟基,属于非还原糖。在酸或酶的作用下,蔗糖水解生成葡萄糖和果糖的混合物,这种混合物比蔗糖更甜,是蜂蜜的主要成分。

二、麦芽糖

麦芽糖存在于发芽的谷粒中,特别是麦芽中。麦芽糖是1分子α-葡萄糖的苷羟基与另1分子葡萄糖 C_4 上的醇羟基之间脱水缩合而成的糖苷,属于α-葡萄糖苷。麦芽糖分子中有1个自由苷羟基,属于还原糖。在酸或酶的作用下,1分子麦芽糖水解生成2分子葡萄糖。

三、乳糖

乳糖存在于人和哺乳动物的乳汁中。乳糖是由1分子β-半乳糖的苷羟基与另1分子葡萄糖 C_4 上的醇羟基之间脱水缩合而成的糖苷,属于β-半乳糖苷。乳糖分子中有自由苷羟基,属于还原糖。在酸或酶的作用下,1分子乳糖水解生成1分子半乳糖和1分子葡萄糖。

例题引领

例1 甘蔗中含有丰富的蔗糖($C_{12}H_{22}O_{11}$),蔗糖是制作糖果的重要原料。下列关于蔗糖的说法正确的是(　　)

A. 蔗糖是一种二糖,它的分子量是葡萄糖的2倍

B. 糖类中蔗糖的甜度仅次于果糖

C. 蔗糖水解前后都可以发生银镜反应

D. 其结构只属于α-葡萄糖苷

解析 蔗糖是一种二糖,是由1分子葡萄糖和1分子果糖脱水缩合的产物,葡萄糖和果糖是同分异构体,因此蔗糖的分子量与葡萄糖不是2倍关系,选项A错误;糖类中蔗糖的甜度仅次于果糖,选项B正确;蔗糖分子中已不存在自由苷羟基,属于非还原糖,不能发生银镜反应,选项C错误;蔗糖既属于α-葡萄糖苷,也属于β-果糖苷,选项D错误。

答案 B

达标训练

一、选择题

1.《尚书·洪范篇》有"稼穑作甘"之句,甘即饴糖。饴糖的主要成分是一种二糖,1 mol该二糖完全水解可生成2 mol葡萄糖,则饴糖的主要成分是(　　)

A. 淀粉　　B. 纤维素　　C. 果糖　　D. 麦芽糖

2. 下列有关麦芽糖的描述不正确的是(　　)

A. 有自由的苷羟基　　B. 能发生银镜反应

C. 水解得两分子葡萄糖　　D. 其结构是β-1,4-葡萄糖苷

3. 下列各组糖中,均为二糖的一组是(　　)

A. 乳糖、蔗糖　　B. 葡萄糖、麦芽糖　　C. 淀粉、纤维素　　D. 果糖、乳糖

4. 乳糖分子不可能水解成(　　)

A. 葡萄糖　　B. 果糖　　C. 半乳糖　　D. 以上都不可能

第三节　多糖

学习目标

1. 了解多糖的分类,了解淀粉、纤维素和糖原的结构的异同。

2. 掌握多糖的水解产物以及淀粉的鉴别方法。

3. 了解生活中常见的多糖及其应用。

重点难点

多糖广泛存在于自然界,常见的多糖有淀粉、纤维素和糖原等。淀粉、纤维素和糖原在不同的条件下均能水解发生反应,水解的最终产物均为葡萄糖。

(1) 淀粉分为直链淀粉和支链淀粉。直链淀粉是由多个α-葡萄糖单元通过α-1,4-苷键连接而成。支链淀粉的主链通过α-1,4-苷键连接,支链通过α-1,6-苷键连接。直链淀粉又称糖淀粉,支链淀粉又称胶淀粉。淀粉遇碘显蓝色。

(2) 纤维素存在于一切植物中,是构成植物细胞壁的基础物质。纤维素由大量β-葡萄糖通过β-1,4-苷键脱水缩合而成,是直链结构。人体不能消化食物中的纤维素,所以纤维素没有营养功能,但其对于人体健康有重要意义。

(3) 糖原是动物体内储存葡萄糖的一种形式,又称动物淀粉。糖原的结构与支链淀粉相似,但支链更多、更短,分子量更大。糖原与碘作用呈红棕色。

例题引领

例 1　在用班氏试剂检验淀粉水解产物的实验中,先准备淀粉溶液,然后进行下列操作,各步操作的先后顺序排列正确的是(　　)

① 加热; ② 向淀粉溶液中滴入 3~5 滴稀硫酸; ③ 加入班氏试剂;④ 加入适量的碳酸钠溶液至无气体生成;⑤ 取少量水解液,加碘溶液,检验淀粉是否完全水解;⑥ 冷却至室温。

A. ①②⑥⑤③④①　　B. ②①⑤⑥④③①

C. ②①⑥⑤④①③　　D. ②①⑤④③⑥

解析　本题考查淀粉的水解及其产物葡萄糖与班氏试剂作用的实验,要注意根据操作的要点选择操作顺序。淀粉水解的实验步骤为,取少量淀粉溶液,加入稀硫酸,选②;将混合液煮沸几分钟,选①;检验水解是否完全,选⑤;因检验葡萄糖还原性必须在碱性条件下进行,而此时溶液中有硫酸呈酸性,所以先冷却,选⑥;在冷却后的溶液中加碱溶液或碳酸钠溶液中和至中性,选④;加入班氏试剂,选③;加热,选①;其实验现象为有砖红色沉淀产生。所以该实验中操作步骤的排列正确顺序为②①⑤⑥④③①。

答案　B

例 2　下列有机物中不含有醇羟基的是(　　)

A. 苯甲酸　　B. 纤维素　　C. 淀粉　　D. 葡萄糖

解析　本题考查羟基的有关知识。醇羟基是指直接和烃基中饱和碳原子连接的官能团。苯甲酸是羧酸,官能团是羧基,没有醇羟基,选项 A 错误;纤维素和淀粉都是由许多葡萄糖通过苷键形成的多糖,葡萄糖是多羟基醛,所以纤维素和淀粉分子中仍然存在大量醇羟基;葡萄糖是多羟基醛,有醇羟基。选项 A 符合题意。

答案　A

达标训练

一、选择题

1. 膳食纤维被称为第七营养素。食物中的纤维素虽然不能为人体提供能量,但能促进肠道蠕动、吸附并排出有害物质。从纤维素的化学成分分析,它是一种(　　)

A. 二糖　　B. 多糖　　C. 脂肪　　D. 氨基酸

2. 糖原经酸性水解得到的最终产物是(　　)

A. 乳糖　　B. 麦芽糖　　C. 葡萄糖　　D. 果糖

3. 下列物质遇碘变蓝的是(　　)

A. 淀粉　　B. 纤维素　　C. 糖原　　D. 薄荷醇

4. 下列物质中,其分子结构和糖原相似的是(　　)

A. 直链淀粉　　B. 支链淀粉　　C.麦芽糖　　D. 纤维素

5. 下列物质互为同分异构体的是(　　)

A. 葡萄糖和核糖　　B. 蔗糖和麦芽糖

C. 淀粉和纤维素　　D. 蔗糖和淀粉

6. 关于淀粉和纤维素两种物质,下列说法正确的是(　　)

A. 两者都能水解,但水解的最终产物不相同

B. 两者含 C、H、O 三种元素的质量分数相同,且互为同分异构体

C. 两者都属于糖类,且都是天然有机高分子

D. 都可用$(C_6H_{10}O_5)_n$表示,但淀粉能发生银镜反应,而纤维素不能

7. 蔬菜、水果富含纤维素,纤维素进入人体后的作用是(　　)

A. 为人体内的化学反应提供原料

B. 为维持人体生命活动提供能量

C. 人体中没有水解纤维素的酶,所以纤维素在人体中没有任何作用

D. 促进肠胃蠕动,具有通便等功能

二、填空题

1. 多糖没有甜味,大多溶于水,没有还原性。淀粉属于________糖,其中__________淀粉占20%,________淀粉占80%。淀粉遇碘显________色,淀粉水解的最终产物是____________________。

2. 常见的多糖有________、________和________,它们在酸或酶的作用下可以水解,最终产物都是________。

3. 糖原分为__________和__________,糖原的结构与________ 相似,遇碘作用呈________色。

三、综合题

1. 为什么不能说淀粉和纤维素互为同分异构体?

2. 用化学方法鉴别葡萄糖、蔗糖、淀粉。

第十一章

蛋白质、核酸及高分子材料

知识领航

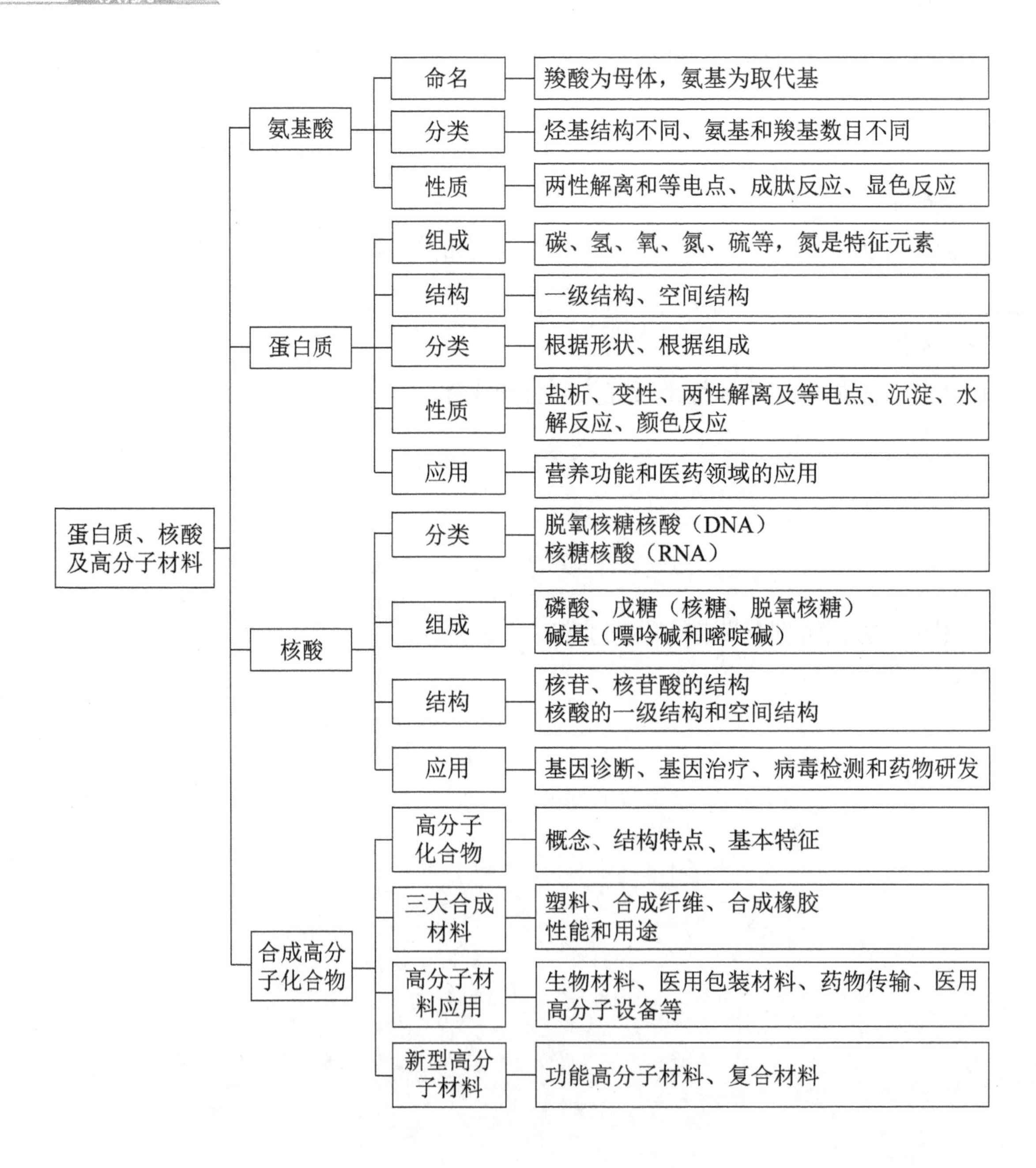

第一节　氨基酸

学习目标

1. 熟悉氨基酸的结构、命名和分类,知道必需氨基酸的种类。

2. 掌握氨基酸的主要化学性质,能进行溶液中氨基酸存在形式的判断,掌握成肽反应并认识肽键和肽的结构。

3. 了解氨基酸在医药领域的应用及营养价值,了解氨基酸在生命科学中的重要意义。

重点难点

一、氨基酸的概念及命名

氨基酸可以看作是羧酸分子中烃基上的氢原子被氨基($—NH_2$)取代后的化合物,是大分子蛋白质的基本组成单位。氨基酸的通式为:$R—\overset{\alpha}{C}H(NH_2)—COOH$。氨基酸的系统命名与羟基酸相似,一般按照来源或性质使用俗名。

二、氨基酸的分类

氨基酸可以根据分子中烃基的结构不同,分为脂肪族氨基酸、芳香族氨基酸和杂环氨基酸。也可根据分子中所含氨基和羧基的数目不同,分为中性氨基酸、酸性氨基酸和碱性氨基酸。

人体内不能合成或合成不足,必须依靠食物供给的氨基酸,称为必需氨基酸,共 8 种。分别是缬氨酸、异亮氨酸、亮氨酸、苯丙氨酸、蛋氨酸、色氨酸、苏氨酸、赖氨酸,谐音是"携一两本单色书来"。

三、氨基酸的性质

1. 两性电离和等电点

氨基酸中既有碱性的氨基,也有酸性的羧基,是一种两性化合物。在水溶液中存在阳离子、两性离子、阴离子之间的解离平衡。

当溶液 pH 等于等电点 pI 时,氨基酸主要以两性离子形式存在。当溶液的 $pH>pI$ 时,氨基酸主要以阴离子形式存在(记忆规律:所显电性和 OH^- 电性相同),在电场中向阳极泳动;当溶液的 $pH<pI$ 时,氨基酸主要以阳离子形式存在(记忆规律:所显电性和 H^+ 电性相同),在电场中向阴极泳动。

2. 成肽反应

两分子 α-氨基酸在酸或碱存在下受热,可脱水生成二肽。α-氨基酸分子之间脱水生成肽的反应称为成肽反应，如甘氨酸和丙氨酸可以生成甘氨酰丙氨酸（甘丙二肽）或丙氨酰甘氨酸（丙甘二肽），结构如下：

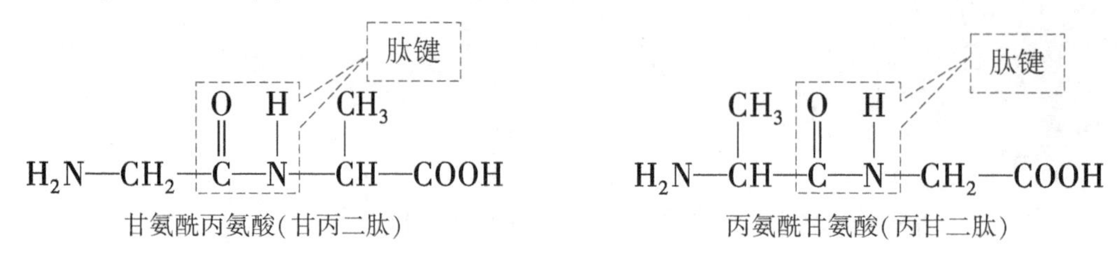

甘氨酰丙氨酸（甘丙二肽）　　丙氨酰甘氨酸（丙甘二肽）

3. 与茚三酮的显色反应

α-氨基酸与水合茚三酮在溶液中共热时，生成蓝紫色化合物。此方法可用于α-氨基酸和肽的鉴别。

例题引领

例1　谷氨酸（pI=3.22）在pH为5.30的溶液中，主要存在的形式是（　　）

A. 阴离子　　B. 阳离子　　C. 两性离子　　D. 中性分子

解析　pI是氨基酸的等电点，当溶液的pH>pI时，可理解为向等电状态的氨基酸中加入了碱，氨基酸所显电性和OH^-电性相同，即氨基酸主要以阴离子形式存在，故选择A。

答案　A

例2　用化学方法鉴别丙酸和丙氨酸。

解析　丙酸属于羧酸，丙氨酸属于α-氨基酸，α-氨基酸与水合茚三酮在溶液中共热，生成蓝紫色化合物。

答案　将两种溶液分别与水合茚三酮溶液共热，出现蓝紫色化合物的是丙氨酸，否则是丙酸。

达标训练

一、选择题

1. 下列氨基酸中，不是必需氨基酸的是（　　）

A. 色氨酸　　B. 甘氨酸　　C. 苏氨酸　　D. 蛋氨酸

2. 下列氨基酸中，是酸性氨基酸的是（　　）

A. $CH_3-CH(NH_2)-COOH$

B. $HOOC-CH_2-CH(NH_2)-COOH$

C. $CH_3-CH(CH_3)-CH_2-CH(NH_2)-COOH$

D. $H_2N—CH_2—CH_2—CH_2—CH_2—\underset{\displaystyle NH_2}{\underset{|}{CH}}—COOH$

3. 将天冬氨酸(pI = 2.77)溶于水(pH = 7),在电场中(　　)

A. 向负极移动　　B. 向正极移动　　C. 不移动　　D. 易水解

4. 下列化合物中,存在肽键的是(　　)

A. 甘氨酸　　B. 谷氨酸　　C. 甘丙二肽　　D. 丙氨酸

5. 水合茚三酮可用于检出(　　)

A. 乙酸　　B. 甘油　　C. 葡萄糖　　D. 色氨酸

二、填空题

1. 氨基酸可以看作是羧酸分子中的氢原子被________取代后的化合物,分子中既有酸性基团________,又有碱性基团________,因此氨基酸呈现________。

2. 根据氨基酸分子中烃基的结构不同,氨基酸可以分为__________、__________、__________;根据氨基酸分子中氨基与羧基的相对数目,可将氨基酸分为__________、__________、__________。

3. 甘氨酸(氨基乙酸)与 NaOH 溶液反应的化学反应式为____________________,与盐酸反应的化学反应式为____________________。

4. 人体内不能自己合成,必须从________摄取的氨基酸有________种,被称为__________。

5. 谷氨酸(pI = 5.68),在 pH = 5.68 的溶液中主要以________形式存在,在 pH = 2 的溶液中主要以________形式存在,在 pH = 12 的溶液中主要以________形式存在。

三、综合题

1. 查阅资料,了解味精的主要成分,思考在味精的生产过程中,谷氨酸的中和为什么要严格控制溶液的 pH。

2. 写出甘氨酸(氨基乙酸)和丙氨酸(氨基丙酸)的结构简式。两者在一定条件下发生成肽反应,能得到几种二肽?请写出其中一种典型二肽的结构简式并命名。

3. 用化学方法鉴别甘油、甘氨酸、乙酸。

第二节　蛋白质

学习目标

1. 了解蛋白质的组成和结构;能从宏观与微观结合的角度了解蛋白质中氢键的作用及其对蛋白质性质的影响,进一步加强结构决定性质的观念。

2. 能区别蛋白质的盐析和变性,会鉴别蛋白质。

3. 体会蛋白质对人类健康的重要性,学会认识和处理有关饮食营养、卫生健康等日常生活问题,培养科学态度与社会责任感。

重点难点

一、蛋白质的组成与结构

蛋白质是由氨基酸通过肽键等相互连接而形成的一类具有特定结构和一定生物学功能的生物大分子。

组成蛋白质的元素包括碳、氢、氧、氮等,多数蛋白质还含有硫,有些蛋白质还含有磷、铁、铜、锰、锌、碘等其他元素,其中氮元素是蛋白质的特征元素。

α-氨基酸按一定的顺序排列,通过肽键构成的多肽链是蛋白质的一级结构。蛋白质的空间结构可分为二级结构、三级结构和四级结构。蛋白质的特定结构决定了各种蛋白质的特定生理功能。构成蛋白质结构的主键是肽键,维系蛋白质空间结构的副键主要包括氢键、盐键、酯键、二硫键、疏水键等化学键或分子间作用力。

二、蛋白质的分类

根据蛋白质的形状,蛋白质分为纤维状蛋白和球状蛋白。根据蛋白质的组成,蛋白质分为单纯蛋白质和结合蛋白质。

三、蛋白质的性质

1. 盐析

向蛋白质溶液中加入大量的电解质(如硫酸钠、氯化钠等)使蛋白质沉淀析出的现象称为盐析。盐析没有改变蛋白质的结构,是可逆过程,是物理变化。

2. 蛋白质变性

蛋白质在某些理化因素(如加热、高压、振荡或搅拌、干燥、紫外线、X 射线、超声波、强酸、强碱、尿素、重金属盐、三氯乙酸、乙醇等)的影响下,其空间结构发生变化而引起蛋白质理化性质和生物活性改变的过程称为蛋白质变性。蛋白质变性的实质是空间结构发生了改变。

3. 蛋白质的两性解离及等电点

蛋白质分子的多肽链中具有游离的氨基和羧基等酸性或碱性基团,因此像氨基酸一样,蛋白质也是两性化合物,在溶液中同样存在蛋白质阳离子、蛋白质两性离子、蛋白质阴离子之间的解离平衡。判断不同 pH 条件下蛋白质所显电性的方法和氨基酸的判断方法相同。即 pH>pI,蛋白质以阴离子形式存在(和 OH^- 电性相同);pH=pI,蛋白质以两性离子形式存在;pH<pI,蛋白质以阳离子形式存在(和 H^+ 电性相同)。

4. 蛋白质的沉淀

蛋白质溶液能保持稳定主要依靠两个因素:① 当蛋白质溶液的 pH≠pI 时,蛋白质分子都带相同电荷,同性电荷相斥;② 蛋白质分子与水形成稳定水化膜。

如果改变条件,破坏蛋白质的稳定因素,就可以使蛋白质分子从溶液中凝聚并析出,这种现象称为蛋白质的沉淀。沉淀蛋白质的方法有加入脱水剂、加入重金属盐溶液等。

5. 蛋白质的水解反应

蛋白质在酸、碱溶液中加热或在酶的催化下,能逐级水解为分子量较小的肽,并最终完全水解,得到各种 α-氨基酸。

6. 蛋白质的颜色反应

(1)缩二脲反应:蛋白质中加入足量氢氧化钠和微量稀硫酸铜溶液,溶液显紫色或红色。三肽以上的多肽和蛋白质均能发生缩二脲反应。

(2)黄蛋白反应:蛋白质与浓硝酸反应生成白色沉淀;加热后沉淀变成黄色;冷却后加碱,沉淀变为橙色。含有苯环的蛋白质都能发生此反应。

(3)与茚三酮的显色反应:蛋白质与水合茚三酮在溶液中共热时,生成蓝紫色化合物。α-氨基酸、多肽、蛋白质均能发生该显色反应。

四、蛋白质的应用

蛋白质是人类膳食中非常重要的营养成分,可以通过动物性食品和植物性食品摄取。其营养功能主要有以下几个方面:① 构造机体,修补组织;② 调节生理功能;③ 提供能量;④ 维持机体的酸碱平衡。此外,多肽和蛋白质在医药领域的应用也很广泛,例如人工合成催产素、胰岛素等。

例题引领

例 1 蛋白质分子中的主键是(　　)

A. 肽键　　B. 氢键　　C. 二硫键　　D. 酯键

解析 蛋白质的一级结构是通过肽键构成的多肽链。氢键、盐键、酯键、二硫键、疏水键等称为蛋白质的副键,维系蛋白质的空间结构。因此蛋白质的主键是肽键,其余为副键,故本题选择 A。

答案 A

例 2 下图表示蛋白质分子结构的一部分，请指出蛋白质发生水解时可能断裂的化学键。

$$-\underset{}{\overset{R'}{\overset{|}{CH}}}-\overset{O}{\overset{\|}{C}}-NH-\overset{R''}{\overset{|}{CH}}-\overset{O}{\overset{\|}{C}}-NH-$$

解析 蛋白质的一级结构是通过肽键构成的多肽链。在酸、碱溶液中加热或在酶的催化下，蛋白质能发生水解。水解时肽键断裂，完全水解的产物是各种 α-氨基酸。故蛋白质水解时可能断裂的化学键为肽键，见结构式中虚线所示。

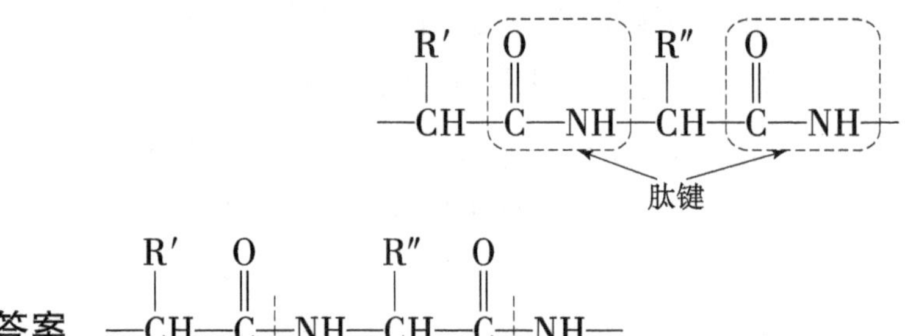

答案 $-\overset{R'}{\overset{|}{CH}}-\overset{O}{\overset{\|}{C}}\,\vdots\,NH-\overset{R''}{\overset{|}{CH}}-\overset{O}{\overset{\|}{C}}\,\vdots\,NH-$

断裂位置

达标训练

一、选择题

1. 蛋白质中与肽键的形成有关的结构是(　　)

A. 一级结构　　B. 二级结构　　C. 三级结构　　D. 四级结构

2. 下列关于蛋白质的叙述正确的是(　　)

A. 向蛋白质溶液中加入少量$(NH_4)_2SO_4$ 溶液，蛋白质即可聚沉

B. 温度越高，酶对某些化学反应的催化效率越高

C. 在豆浆中加少量石膏，能使豆浆凝结为豆腐

D. 任何结构的蛋白质遇到浓 HNO_3 都会变为黄色

3. 下列物质或其主要成分不是蛋白质的是(　　)

A. 动物的肌肉　　B. 动物的毛发　　C. 味精　　D. 结晶牛胰岛素

4. 下列叙述不正确的是(　　)

A. 蛋白质是分子量很大的有机高分子化合物

B. 皮肤沾上浓 HNO_3 而呈黄色，是蛋白质的颜色反应

C. 加入饱和$(NH_4)_2SO_4$ 溶液，会使蛋白质变性并凝聚析出

D. 及时服用大量的牛奶或豆浆，对重金属盐中毒的患者有一定解毒作用

5. 下列操作和蛋白质变性无关的是(　　)

A. 注射时用酒精在皮肤上消毒　　B. 向豆浆中加入食盐出现白花

C. 用福尔马林浸制生物标本　　D. 用波尔多液消灭病虫害

6. 区分毛织品和棉织品,可采用的方法是(　　)

A. 闻气味　　B. 看颜色　　C. 灼烧后闻气味　　D. 品尝其味道

7. 下列食物中,优质蛋白质含量相对丰富的是(　　)

A. 大米　　B. 蔬菜　　C. 大豆　　D. 肥肉

8. 某蛋白质在蒸馏水中带正电荷,它的等电点可能是(　　)

A. 7　　B. 10.34　　C. 2.12　　D. 5.78

二、填空题

1. 蛋白质的主要组成元素有________、________、________、________。其中______是蛋白质的特征元素。

2. 根据蛋白质的形状,可分为________蛋白和________蛋白,根据蛋白质的组成,可分为________蛋白和________蛋白。

3. 血红蛋白的 pI = 6.7,则血红蛋白在 pH = 7.35 的溶液中主要以________形式存在,在电场中向________极泳动。

4. 蛋白质溶液稳定的主要因素是________________和________________。

5. 脂肪、淀粉、蛋白质是人类三大营养物质,它们共同的化学性质是都能发生______反应。

三、综合题

1. 为什么紫外线可用于环境和物品消毒,放射线可用于医疗器械灭菌?

2. 脂肪、淀粉、蛋白质是人类三大营养物质,写出它们的水解最终产物。

3. 用化学方法鉴别淀粉溶液、鸡蛋白溶液、谷氨酸溶液。

4. 松花蛋是我国传统风味食品,其蛋黄呈半凝固状态,蛋白凝固并有美丽的松枝状花纹,味道鲜美。请查阅资料,了解其生产原料的主要成分和制作过程,并应用化学原理,对松花蛋成品的状态和风味进行初步解释。

第三节　核酸

学习目标

1. 知道核酸的组成和分类；了解核苷、核苷酸的基本结构；会区别脱氧核糖核酸和核糖核酸。

2. 知道核酸水解的过程。

3. 知道核酸是一种遗传物质，了解核酸在药物研发中的重要应用，发展科学研究的兴趣和培养社会责任感。

重点难点

一、核酸的分类

核酸可以分为两大类：核糖核酸（简称 RNA）和脱氧核糖核酸（简称 DNA）。DNA 是生物遗传的主要物质基础，承担体内遗传信息的贮存和表达任务。RNA 主要作用是参与蛋白质合成，根据合成过程中的作用，又可分为三类：① 核糖体 RNA（eRNA）——合成蛋白质的场所；② 信使 RNA（mRNA）——合成蛋白质的模板；③ 转运 RNA（tRNA）——合成蛋白质时氨基酸的携带者。

二、核酸的组成

核酸是一种生物大分子，是由许多核苷酸单体形成的聚合物。核苷酸进一步水解得到磷酸和核苷，核苷水解得到戊糖和碱基。

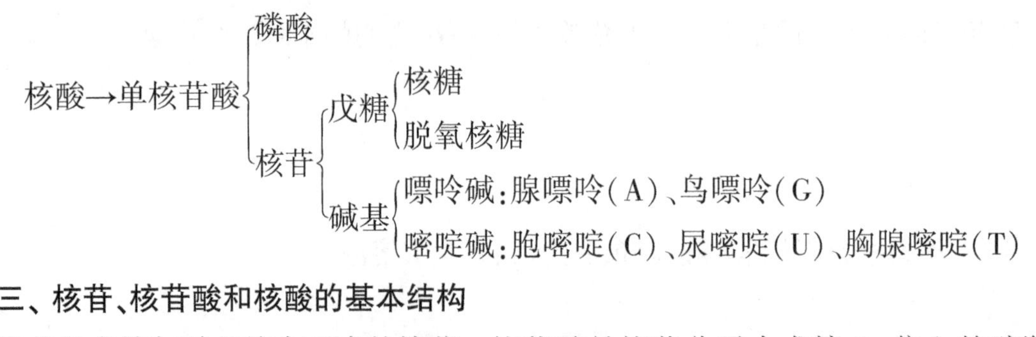

三、核苷、核苷酸和核酸的基本结构

核苷是戊糖与碱基缩合而成的糖苷。核苷酸是核苷分子中戊糖 C_5 位上的醇羟基与磷酸脱水生成的酯。核酸是以各种核苷酸为单体，通过磷酸二酯键缩合而成的多核苷酸。

DNA 分子是由两条方向平行但走向相反的多脱氧核苷酸链，围绕一个共同的中心轴以右手方向盘旋形成的双螺旋结构。两条链上的碱基即 A 和 T、C 和 G 之间形成氢键配对，这一规律称为碱基配对规律。

RNA 分子是一条单链。链的许多区域自身发生回折，形成许多短的双螺旋区，不配对的碱基形成突环。在 RNA 分子中，碱基 A 和 U、C 和 G 之间形成氢键配对。

例题引领

例 1 组成核酸的基本单元是(　　)

A. 戊糖　　B. 碱基　　C. 核苷　　D. 核苷酸

解析 核酸水解得到核苷酸;核苷酸再水解,得到核苷和磷酸;核苷继续水解,得到戊糖和碱基。因此组成核酸的基本单元是核苷酸,应选 D。

答案 D

例 2 简述 DNA 和 RNA 在结构和组成上的差异。

解析与答案 DNA 和 RNA 的戊糖种类和嘧啶碱种类不相同,两者在结构和组成上的差异见表 11-1。

表 11-1 DNA 和 RNA 在结构和组成上的差异

水解产物类别	DNA	RNA
酸	磷酸	磷酸
戊糖	脱氧核糖	核糖
嘌呤碱	腺嘌呤、鸟嘌呤	腺嘌呤、鸟嘌呤
嘧啶碱	胞嘧啶、胸腺嘧啶	胞嘧啶、尿嘧啶

达标训练

一、选择题

1. 下列物质水解得到的产物不正确的是(　　)

A. 淀粉水解得到葡萄糖　　B. 油脂水解得到甘油和高级脂肪酸

C. 蛋白质水解得到 α-氨基酸　　D. 核酸水解得到核苷

2. 仅存在于 RNA 的水解产物中,DNA 水解产物中没有的是(　　)

A. 核糖　　B. 脱氧核糖　　C. 胞嘧啶　　D. 腺嘌呤

3. RNA 和 DNA 完全水解后的产物(　　)

A. 部分碱基不同,戊糖相同　　B. 碱基相同,戊糖不同

C. 部分碱基不同,戊糖不同　　D. 碱基不同,戊糖相同

4. DNA 完全水解后不含有(　　)

A. 胞嘧啶　　B. 鸟嘌呤　　C. 胸腺嘧啶　　D. 尿嘧啶

5. RNA 的碱基组成中没有(　　)

A. 胸腺嘧啶　　B. 鸟嘌呤　　C. 胞嘧啶　　D. 尿嘧啶

二、填空题

1. 根据核酸的组成,核酸可以分为______________和______________。

2. ________主要存在于细胞核、线粒体中，它是生物遗传的主要物质基础，承担体内遗传信息的贮存和表达任务。

3. RNA 分为三类，其中合成蛋白质的场所是________，合成蛋白质的模板是________，合成蛋白质时氨基酸的携带者________。

4. 核酸是由________单体形成的生物大分子，其单体水解可得到核苷和________。核苷进一步水解得到________和________。

5. 核酸是以各种核苷酸为单体，通过________键缩合而成的多核苷酸。

三、综合题

1. DNA 分子是由几条多聚核苷酸链组成的？具有怎样的空间结构？

2. DNA 分子中含有哪几种碱基？它们是如何进行配对的？

第四节　合成高分子化合物

学习目标

1. 知道高分子化合物的概念和结构特性。

2. 了解高分子材料在生活和医药领域的应用，感受科技进步的意义。

重点难点

一、高分子化合物的概念和特性

分子量在 10 000 以上的化合物叫高分子化合物，简称高分子。按其来源可分为天然高分子和合成高分子。

高分子由一定数量的特定结构单元通过共价键重复链接组成。这种特定的结构单元称为高分子的链节。每个高分子中链节的数目称为聚合度，用 n 表示。根据链节连接形成的链形状不同，高分子化合物的结构分为线型结构、支链型结构和体型结构。

高分子化合物的分子量巨大、结构特殊，使它们具有与低分子化合物不同的特殊性能，包括溶解性、弹性、热塑性和热固性、密度和机械强度、电绝缘性。

二、塑料、合成纤维、合成橡胶简介

塑料、合成纤维、合成橡胶被称为“现代三大合成材料”。其制品已经进入我们生产、生活的每个角落，具体见表 11-2。

表 11-2　三大合成材料的制作工艺、种类及用途

合成材料	制作工艺	种类	用途
塑料	在一定的温度和压强下，可塑制成型的合成高分子材料	聚乙烯、聚氯乙烯、酚醛树脂、聚苯乙烯、聚丙烯酸甲酯、聚丙烯等	包装材料、薄膜、灯壳、医疗器械、日常用品、零部件等
合成纤维	利用石油、天然气、煤和农副产品作原料制成单体，再由单体经聚合反应制成	聚酯类(如涤纶)、聚酰胺类(如锦纶、尼龙)、聚丙烯腈(腈纶)等	线、运输带、衣料、网具、毛毯、帆布、衣物、人造血管等
合成橡胶	由分子量较小的二烯烃或烯烃作为单体经聚合而成	丁苯橡胶、顺丁橡胶、氯丁橡胶等	轮胎、管道、防毒面具、绝缘材料、医疗器械等

三、高分子材料在医药领域的应用

高分子材料是医药领域的重要材料之一。与其他材料相比，高分子材料有着广泛的适用性，易于制备，同时还具有良好的生物相容性和可降解性等特点。高分子材料在医药领域的应用主要包括生物材料、医用包装材料、药物传输和医用高分子设备等方面。

四、新型高分子材料

1. 功能高分子材料

功能高分子材料既有传统高分子材料的机械性能，又能满足一些特殊功能需要，如可降解性、高吸水性、磁性、有特殊分离功能、光功能性等。

2. 复合材料

复合材料是指由两种或两种以上材料共同组成的材料。复合材料一般具有强度高、质量轻、耐高温等优异性能，因此广泛用于现代尖端科学技术、航空航天等众多行业和领域。

例题引领

例 1　下列说法正确的是(　　)

A. 油脂和维生素均属于天然有机高分子化合物

B. 塑料、合成橡胶、合成纤维称为三大合成材料

C. 糖类的组成均可表示为 $C_n(H_2O)_m$，且均有甜味

D. 葡萄糖溶液能产生丁铎尔效应

解析　油脂和维生素都不属于高分子化合物；部分糖的组成不能用 $C_n(H_2O)_m$ 表示，

淀粉和纤维素都是糖类但是没有甜味;葡萄糖溶液不属于胶体,不能产生丁铎尔效应。故本题应选择 B。

答案 B

例 2 橡胶容易老化,但经过硫化工艺后的橡胶不仅抗老化,而且具有较高的强度、韧性和良好的弹性和化学稳定性等。请回答下列问题。

(1) 橡胶为何容易老化?

(2) 橡胶在加工过程中要加入硫化剂进行硫化,其目的是什么?

(3) 实验室盛装哪些药品的试剂瓶瓶塞不能用橡胶的? 为什么?

解析与答案 (1) 橡胶含有双键,易发生加成反应、氧化反应等,所以容易老化。

(2) 加入硫化剂的作用是打开橡胶分子中的部分双键,将线性结构连接成网状结构,从而得到化学稳定性好且有弹性和强度的橡胶。

(3) 高锰酸钾溶液、浓硝酸等因为具有强氧化性,能够与橡胶反应,因此不宜使用橡胶瓶塞。还有一些有机试剂如苯、四氯化碳等药品因为相似相溶也不能用橡胶瓶塞。

达标训练

一、选择题

1. 下列关于高分子化合物的描述不正确的是(　　)

A. 分子量在 10 000 以上的化合物叫高分子化合物

B. 高分子化合物是由一定数量的特定结构单元通过共价键重复链接组成

C. 高分子化合物都有确切的分子组成和确定的分子量

D. 淀粉、纤维素、蛋白质都是天然高分子化合物

2. 综合治理"白色污染"时,不合理的措施是(　　)

A. 直接填埋或向海中倾倒　　B. 鼓励垃圾分类收集

C. 限制塑料制品的使用　　D. 开发研制降解塑料

3. 下列纤维中,属于化学纤维的是(　　)

A. 涤纶　　B. 羊毛　　C. 蚕丝　　D. 棉花

4. 生胶硫化是提高橡胶性能的重要步骤,橡胶制品硫化程度越高,强度越大,弹性越差。请分析下列橡胶制品中硫化程度最高的是(　　)

A. 橡皮筋　　B. 汽车外胎　　C. 普通气球　　D. 医用乳胶手套

5. 有机高分子材料是材料发展史上的一次突破,下列属于有机高分子材料的是(　　)

① 家用保鲜袋;② 不锈钢;③ 淀粉;④ 尼龙布;⑤ 有机玻璃

A. ①④⑤　　B. ②③④　　C. ②③⑤　　D. ①⑤

6. 塑料食品袋的封口是利用塑料的(　　)

A. 化学性质活泼　　B. 软化点低　　C. 受热易分解　　D. 比较柔软

7. 材料是人类赖以生存和发展的重要物质基础,下列说法不正确的是(　　)

A. 铜和铁都是热和电的良导体

B. 棉纱和蚕丝都属于合成纤维

C. 玻璃钢是一种复合材料,其性能优良,广泛用于飞机、汽车、船舶和家具制作

D. 聚乙烯可制成食品保鲜膜

8. 化学与人类生产、生活密切相关,下列叙述中正确的是(　　)

A. 可折叠柔性屏中的灵魂材料——纳米银与硝酸不会发生化学反应

B. 2022 年北京冬奥会吉祥物"冰墩墩"使用的聚乙烯属于天然高分子材料

C. 发射"珠海一号"的运载火箭中用到的碳化硅也是制作光导纤维的重要材料

D. 建设世界第一高混凝土桥塔用到的水泥和石灰均属于新型无机非金属材料

9. 下列关于合成高分子化合物的说法正确的是(　　)

A. 涤纶、锦纶、蚕丝都属于合成纤维

B. 塑料、合成树脂和合成橡胶被称为"三大合成材料"

C. 形成高分子化合物的单体一定只有一种

D. "尿不湿"中的高吸水性树脂属于高分子材料

10. 下列材料中,属于塑料的是(　　)

A. 有机玻璃　　B. 聚丙烯腈　　C. 水玻璃　　D. 钢化玻璃

二、填空题

1. 高分子化合物是由一定数量的________________通过________重复链接组成;高分子化合物中的链节数(n)被称为________。

2. 根据链节连接形成的链形状不同,高分子化合物的结构分为________、________、________。

3. 现代三大合成材料是________、________、________。

4. 棉、麻、蚕丝和羊毛等属于________,涤纶、锦纶、尼龙、腈纶等属于________。

5. 复合材料一般具有的性能有________、________、________。

三、综合题

三大合成材料在日常生活中的应用非常广泛,常有"用的是塑料,穿的是纤维,跑的是橡胶"的说法,请根据这个说法分别举例。

有机化学阶段测验一

一、选择题

1. 下列分子式对应的物质属于烷烃的是(　　)

A. C_3H_8　　B. C_3H_6　　C. C_5H_6　　D. C_6H_6

2. 下列化合物能与 $FeCl_3$ 发生显色反应的是(　　)

A. 苯环-CH_3　　B. 苯环-OH　　C. 苯环-OCH_3　　D. 苯环-CH=CH_2

3. 下列物质可以使酸性高锰酸钾溶液褪色的是(　　)

A. 乙烷　　B. 1-丁烯　　C. 硝基苯　　D. 苯

4. 下列有关有机物的说法正确的是(　　)

A. 含有碳元素的物质都是有机化合物

B. 有机化合物熔、沸点都很高

C. 有机化合物中所有的共价键都是碳碳单键

D. 有机化合物一般都具有可燃性

5. 下列化合物催化加氢时,最容易开环的是(　　)

A. 环己烯　　B. 环戊烷　　C. 环丙烷　　D. 环戊二烯

6. 下列糖类属于还原性二糖的是(　　)

A. 果糖　　B. 蔗糖　　C. 葡萄糖　　D. 乳糖

7. 石油醚是有机化学实验室常用的有机溶剂,其主要成分为(　　)

A. 具有一定沸程的烷烃混合物　　B. 具有一定沸程的芳香烃混合物

C. 具有一定沸程的醚类混合物　　D. 烷烃和醚类的混合物

8. 下列物质中具有旋光性的是(　　)

A. 丙酸　　B. 丁醛　　C. 2-戊醇　　D. 水杨酸

9. 下列说法正确的是(　　)

A. 碳碳单键可以是 σ 键,也可以是 π 键　　B. σ 键和 π 键都可以独立存在

C. σ 键比较稳定,π 键不稳定,易断裂　　D. 碳碳三键中有两个 σ 键和一个 π 键

10. 下列各组有机物中互为同系物的是(　　)

A. 萘 与 蒽　　B. 苯 与 萘

C. 与 —Cl　　D. 与 —CH_3

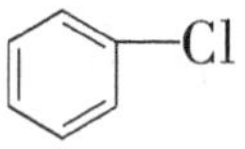

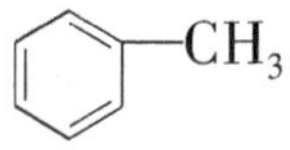

11. 下列说法正确的是(　　)

A. 蛋白质加热后会变性,这种变化是不可逆的

B. 人体中不能由自身合成的氨基酸属于非必需氨基酸

C. 牛奶中含量最多的物质是蛋白质,不是水

D. 所有蛋白质均含有 C、H、O、N、S 五种元素

12. 下列化学反应不属于加成反应的是(　　)

A. 乙烯和氯化氢的反应　　B. 乙烯和氢气的反应

C. 乙烯使高锰酸钾溶液褪色的反应　　D. 乙烯使溴水褪色的反应

13. 某种试剂可将无色液体苯、甲苯区别出来,该试剂是(　　)

A. 稀硫酸　　B. 水　　C. 溴水　　D. 酸性 $KMnO_4$ 溶液

14. 下列结构不属于杂环化合物的是(　　)

A. 　　B.  N H　　C. 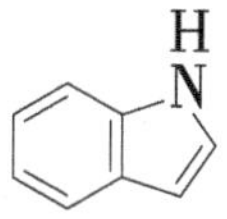 H N　　D. 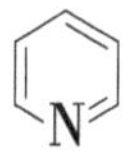 N

15. 下列化合物中,能与托伦试剂反应产生银镜的是(　　)

A. 甲醇　　B. 丙酮　　C. 甲酸　　D. 醋酸

16. 氨基酸和蛋白质的共性是(　　)

A. 都具有两性电离和等电点　　B. 都含有肽键

C. 都能透过半透膜　　D. 都能发生缩二脲反应

17. 下列物质中,不能发生酰化反应的是(　　)

A. $(CH_3CH_2)_3N$　　B. $C_6H_5NHCH_3$　　C. $(CH_3CH_2)_2NH$　　D. CH_3NH_2

18. 淀粉水解的最终产物是(　　)

A. 麦芽糖　　B. 葡萄糖　　C. 乳糖　　D. 蔗糖

19. 下列化合物:①苯酚②水③乙醇④碳酸中,酸性由弱至强的顺序为(　　)

A. ①②③④　　B. ②③①④　　C. ③②①④　　D. ③①②④

20. 吗啡属于(　　)

A. 生物碱　　B. 萜　　C. 甾体化合物　　D. 蛋白质

二、填空题

1. 有机化合物分子中,能决定一类有机化合物化学特性的原子或基团称为________。羟基的结构简式为____________,羧基的结构简式为________。

2. 血液中的________称为血糖,临床上可用________试剂检查尿液中的葡萄糖。

3. 有机化合物分子中,加入氧或脱去氢的反应都叫________。伯醇氧化成________,仲醇氧化成________。

4. 下列化合物：① —OH ② —O—CH_3 ③ —CH_2OH ④ —OH 中，属于脂环醇的是________，属于芳香醇的是________，属于醚的是________。（填序号）

5. 蛋白质是由____________________通过________键结合起来的高分子化合物。淀粉是由________通过________________________________键结合起来的高分子化合物。

三、用系统命名法命名下列化合物或写出结构简式

① $CH_3—C(OH)(CH_3)—CH_2CH_2CH_3$

② $CH_3—C(=O)—CH_2—COOH$

③ $CH_3—C(CH_3)_2—CH=CH—CH_3$

④ CH_3 NO_2

⑤ OH Br Br Br

⑥ —OCH_3

⑦ $C(=O)—NH_2$

⑧ 柠檬酸（3-羟基-3-羧基戊二酸）

⑨ 甘油

⑩ 尿素

⑪ 葡萄糖(开链式)

⑫ 半胱氨酸(β-巯基-α-氨基丙酸)

四、完成下列反应式

(1) $CH_3CH_2COOH+CH_3CH_2OH \xrightarrow[\triangle]{浓 H_2SO_4}$

(2) $CH_3CH=CH_2+HCl \longrightarrow$

(3) $CH_3COOH+NaHCO_3 \longrightarrow$

(4) $CH_3CH_2-\overset{\overset{O}{\|}}{C}-H + HOCH_2CH_3 \xrightarrow{干燥 HCl}$

(5) 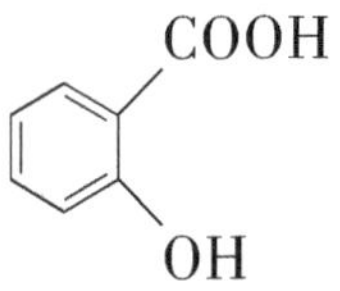 邻羟基苯甲酸(苯环上连 COOH 和 OH) $+ CH_3-\overset{\overset{O}{\|}}{C}-O-\overset{\overset{O}{\|}}{C}-CH_3 \xrightarrow[\triangle]{浓 H_2SO_4}$

五、用化学方法鉴别下列各组化合物

(1) 甲苯、苯酚、苯

(2) 丙醛、苯甲醛、丙酮

六、简答题

丙氨酸的等电点为6.02,在电场作用下及pH=8的溶液中,丙氨酸将向哪个电极方向移动?为什么?

有机化学阶段测验二

一、选择题

1. 下列有关有机化合物的叙述正确的是(　　)

A. 所有的有机化合物都含有碳元素　　B. 含有碳元素的化合物都是有机化合物

C. 所有的有机化合物都容易燃烧　　D. 所有的有机化学反应速率都很慢

2. 下列说法正确的是(　　)

A. 每个分子式一定只代表一种物质

B. 分子式相同而结构不同的化合物一定是同分异构体

C. 多个结构不同的化合物一定是同分异构体

D. 在经完全燃烧后生成 CO_2 和 H_2O 的有机物中一定含有 C、H、O 三种元素

3. 下列分子式对应的有机化合物属于饱和链烃的是(　　)

A. C_3H_4　　B. C_5H_{12}　　C. C_4H_8　　D. C_7H_8

4. 一定条件下,能与乙烷发生反应的是(　　)

A. $KMnO_4$　　B. HCl　　C. Cl_2　　D. NaCl

5. (+)-丙氨酸和(-)-丙氨酸的不同性质是(　　)

A. 熔点　　B. 沸点　　C. 密度　　D. 旋光方向

6. $CH_2{=\!=}CHCH_3$ 和 HBr 加成,生成的主要产物是(　　)

A. 2-溴丙烷　　B. 1-溴丙烷　　C. 2-溴丁烷　　D. 1-溴丁烷

7. 分子中含有碳碳双键的是(　　)

A. 聚乙烯　　B. 丙烯　　C. 2-丁炔　　D. 苯

8. 苯环的芳香性指的是(　　)

A. 苯及苯的同系物具有芳香气味

B. 苯易发生反应生成具有芳香气味的物质

C. 苯及苯的同系物难发生加成反应、氧化反应,易发生取代反应

D. 苯及苯的同系物有不饱和键,易发生加成反应,难发生氧化反应、取代反应

9. 下列各组物质中,互为同分异构体的是(　　)

A. 甲醇和甲醚　　B. 乙醇和乙醚　　C. 甲醚和乙醇　　D. 苯酚和苯甲醇

10. 能与溴水反应生成白色沉淀的是(　　)

A. 苯　　B. 乙烯　　C. 苯胺　　D. 苯甲醇

11. 三硝酸甘油酯常作为缓解心绞痛的药物,下列化合物中,能与甘油经酯化反应得

到三硝酸甘油酯的是(　　)

A. 盐酸　　B. 硫酸　　C. 硝酸　　D. 亚硝酸

12. 浓硫酸与乙醇在 140 ℃条件下共热,生成物为(　　)

A. 乙醚　　B. 乙烯　　C. 乙烷　　D. 乙酸乙酯

13. 下列物质既能与溴水反应又能与 $FeCl_3$ 发生显色反应的是(　　)

A. 甲苯　　B. 苄醇　　C. 苯酚　　D. 乙醇

14. 下列化合物:① 甲醇② 伯醇③ 仲醇④ 叔醇中,与金属钠反应的速率由快至慢的顺序为(　　)

A. ①②③④　　B. ②①③④　　C. ①③②④　　D. ④③②①

15. 鉴别乙醛和乙酸不能采用的试剂是(　　)

A. 费林试剂　　B. 托伦试剂　　C. 氢氧化钠　　D. 碳酸钠溶液

16. 下列化合物中,属于季铵盐的是(　　)

A. $[(CH_3)_3NH]^+Cl^-$　　B. $[CH_3CH_2NH_3]^+Cl^-$

C. $[(C_2H_5)_4N]^+Cl^-$　　D. $C_6H_5N_2{}^+Cl^-$

17. 下列化合物中,属于六元杂环的是(　　)

A. 吡咯　　B. 呋喃　　C. 噻吩　　D. 吡啶

18. 能与苯胺发生酰化反应的物质是(　　)

A. 苯酚　　B. 乙酸　　C. 乙酸酐　　D. 乙酰苯胺

19. 下列物质酸性最强的是(　　)

A. 苯酚　　B.甲酸　　C. 乙酸　　D. 碳酸

20. 下列糖中属于非还原性糖的是(　　)

A. 麦芽糖　　B. 蔗糖　　C. 乳糖　　D. 果糖

二、填空题

1. 蛋白质主要由________、________、________、________4 种元素构成,它的一级结构是多个 α-氨基酸通过________结合而成的多肽链。

2. 生物碱是一类存在于________内,对人体和动物具有强烈的生理作用的含氮________有机化合物。

3. 油脂是________和________的总称,其中液态的油脂,称为________。

4. 甲酚有________种同分异构体,由它们配制成的 50%肥皂溶液称为“来苏尔”,临床上可用作________。

5. 柠檬酸的结构简式为 $\begin{array}{c} CH_2\text{—}COOH \\ | \\ HO\text{—}C\text{—}COOH \\ | \\ CH_2\text{—}COOH \end{array}$ 。柠檬酸的结构中含有官能团的名称为

________、________。1 mol 柠檬酸最多能与________mol 乙醇发生酯化反应。

三、用系统命名法命名下列化合物或写出结构简式

① $CH_3—\underset{\substack{|\\CH_3}}{CH}—CH_2—CH_3$

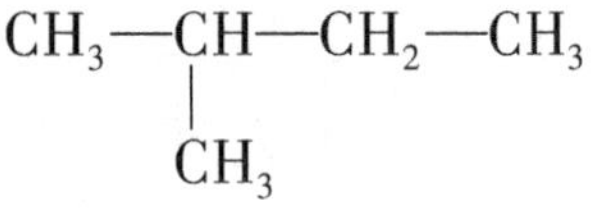

② $CH_3—\underset{\substack{|\\CH_3}}{C}=CH—CH_3$

③ $CH_3—\overset{\substack{O\\\|}}{C}—CH_2—\overset{\substack{O\\\|}}{C}—OH$

④ $CH_3—\underset{\substack{|\\CH_3}}{CH}—\underset{\substack{|\\OH}}{CH_2}$

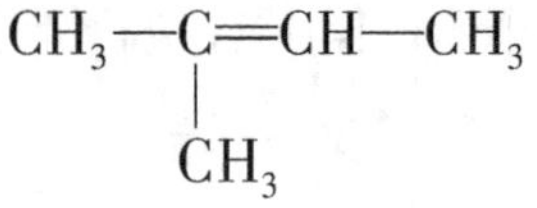

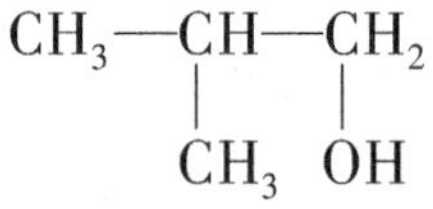

⑤ $CH_3—CH_2—O—CH_2—CH_3$

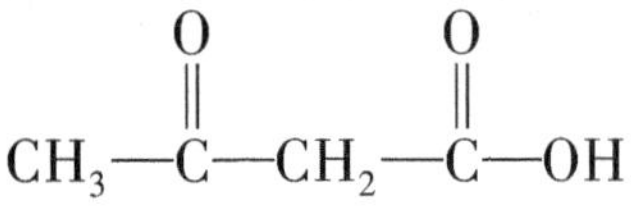

⑥ $CH_3—CH_2—NH—CH_3$

⑦ $\left[C_6H_5—\underset{\substack{|\\CH_3}}{\overset{\substack{CH_3\\|}}{N}}—CH_3\right]^+Cl^-$

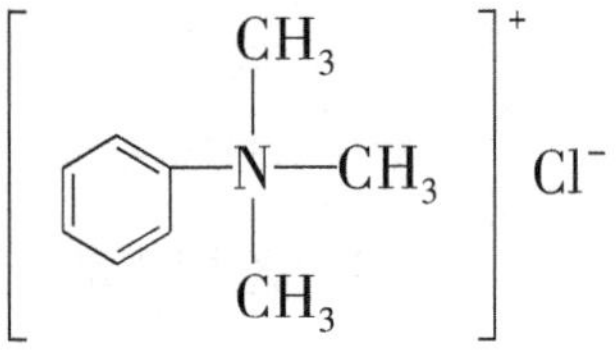

⑧ $C_6H_5—\overset{\substack{O\\\|}}{C}—N(CH_3)_2$

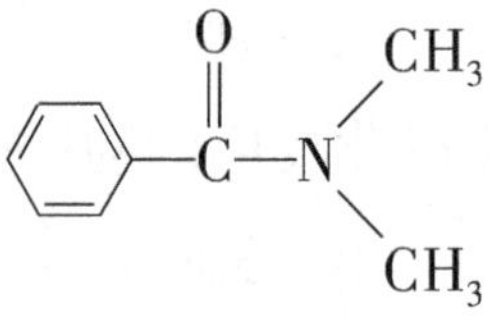

⑨ 乙酸乙酯

⑩ 丝氨酸(β-羟基-α-氨基丙酸)

⑪ β-葡萄糖(哈沃斯式)

⑫ 嘧啶

四、完成下列反应式

(1) 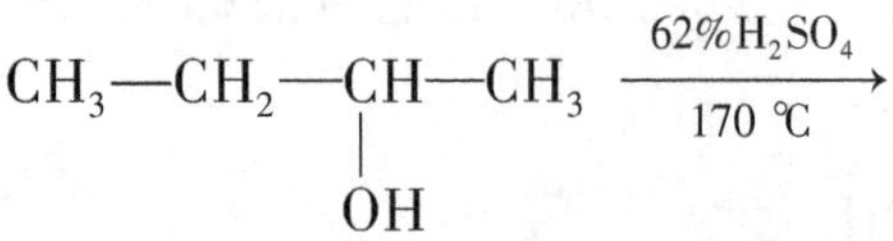 $CH_3—CH_2—\underset{\substack{|\\OH}}{CH}—CH_3 \xrightarrow[170\ ℃]{62\%H_2SO_4}$

(2) $CH_3—\overset{\substack{O\\\|}}{C}—OH + CH_3CH_2OH \xrightarrow[\triangle]{浓\ H_2SO_4}$

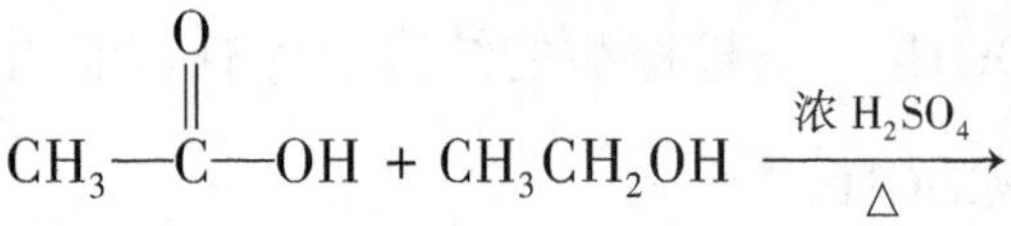

（3）C_6H_5—NH_2 + $CH_3—\overset{\overset{\displaystyle O}{\|}}{C}—Cl \longrightarrow$

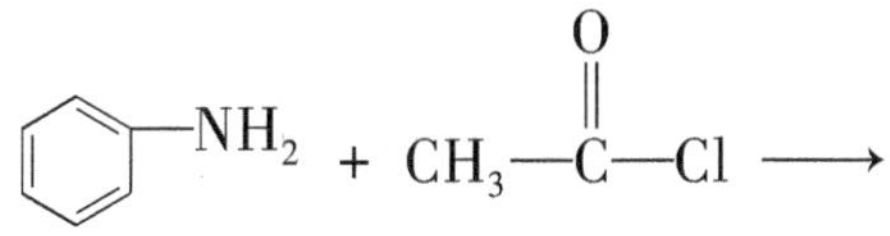

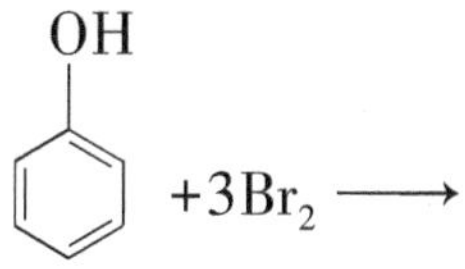

（4）C_6H_5—OH $+3Br_2 \longrightarrow$

（5）C_6H_6 $+HONO_2 \xrightarrow[\triangle]{\text{浓 } H_2SO_4}$

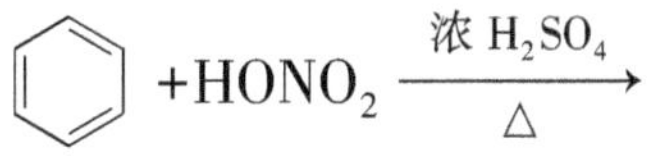

五、用化学方法鉴别下列各组化合物

（1）甲醛、乙醛、2-丁酮

（2）苯酚、苯甲醇、苯甲醚

六、简答题

酮体是人体内脂类代谢的产物，其主要包括哪些化合物？糖尿病患者由于糖代谢异常容易引起尿酮体含量升高，临床上检验尿酮体的方法是什么？

综合测试卷一

一、选择题

1. 下列微粒结构示意图中,代表阴离子的是(　　)

A. (+3) 2　　B. (+15) 2 8 5　　C. (+14) 2 8 4　　D. (+16) 2 8 8

2. 新制氯水及漂白粉溶液均能使有色布条褪色,原因是这些物质均含有(　　)

A. 盐酸　　B. 次氯酸　　C. 氯气　　D. 氯离子

3. 下列说法错误的是(　　)

A. 0.012 kg ^{12}C 含有的^{12}C 原子数是 $6.02×10^{23}$

B. 0.5 mol H_2S 中含有的原子数约为 $6.02×10^{23}$

C. 1 mol H_2O_2中含有的分子数为 $6.02×10^{23}$

D. 含有 $6.02×10^{23}$个氧原子的 H_2SO_4的物质的量是 0.25 mol

4. 能使红细胞发生皱缩现象的溶液是(　　)

A. 3 g/L NaCl 溶液　　B. 12.5 g/L $NaHCO_3$溶液

C. 112 g/L $C_3H_5O_3Na$ 溶液　　D. 生理盐水

5. 对化学平衡的移动一定没有影响的是(　　)

A. 压强　　B. 温度　　C. 浓度　　D. 催化剂

6. 下列化合物属于弱电解质的是(　　)

A. 葡萄糖　　B. 碳酸氢钠　　C. 酒精　　D. 碳酸

7. 在温度不确定时,下列关于酸性溶液的叙述正确的是(　　)

A. 只有 H^+存在　　B. pH≤7　　C. $[H^+]>[OH^-]$　　D. $[OH^-]>10^{-7}$mol/L

8. 10 mL 0.5 mo1/L 的氨水与 10 mL 0.5 mol/L 的盐酸混合后,溶液显(　　)

A. 酸性　　B. 碱性　　C. 中性　　D. 无法判断

9. 下列溶液中,不存在缓冲对的是(　　)

A. HCl-KCl　　B. $NaH_2PO_4-Na_2HPO_4$

C. $NH_3·H_2O-NH_4Cl$　　D.$CH_3COOH-CH_3COONa$

10. 下列关于炔烃的说法中,错误的是(　　)

A. 炔烃分子中含有碳碳三键　　B. 炔烃的通式是 C_nH_{2n-2}

C. 炔烃比烯烃更容易发生加成反应　　D. 炔烃的密度都比水小

11. $CH_3CH{=}\overset{\displaystyle CH_3 \atop |}{C}CH_3$ 和 HBr 反应的主要产物是(　　)

A. 2-甲基-1-溴丁烷　　B. 2-甲基-2-溴丁烷

C. 2-甲基-3-溴丁烷　　D. 3-甲基-1-溴丁烷

12. 下列各组化合物互为同分异构体的是(　　)

A. 2-甲基丁烷与丁烷　　B. 萘与蒽

C. 环己烷与己烯　　D. 甲苯与乙苯

13. 下列物质中,不属于生物碱的是(　　)

A. 阿托品　　B. 麻黄碱　　C. 吗啡　　D. 阿司匹林

14. 下列化合物中,既能发生银镜反应又能发生水解反应的是(　　)

A. 乙酸乙酯　　B. 甲酸　　C. 甲醛　　D. 甲酸乙酯

15. 下列物质中酸性最强的是(　　)

A. 甲酸　　B. 乙酸　　C. 草酸　　D. 乙醇

16. 丙酸与丁醇反应生成的酯是(　　)

A. 丙酰丁酯　　B. 丁酸丙酯　　C. 丙酸丁酯　　D. 丁酰丙酯

17.油脂酸败中发生的主要化学变化是(　　)

A. 氧化和水解　　B. 加成和水解　　C. 氧化和硬化　　D. 氧化

18. 下列物质不能发生缩二脲反应的是(　　)

A. 尿素　　B. 缩二脲　　C. 蛋白质　　D. 多肽

19. 下列胺中,碱性最弱的是(　　)

A. 氨　　B. 甲胺　　C. 二甲胺　　D. 苯胺

20. DNA 的水解产物不包括(　　)

A. 核糖　　B. 脱氧核糖　　C. 嘌呤碱　　D. 嘧啶碱

二、判断题

1. 手性分子中一定有手性碳原子,手性分子一定具有旋光性。(　　)
2. 氧化还原反应一定有氧参加。(　　)
3. 反应物的组成、结构和性质是影响化学反应速率的决定因素。(　　)
4. 溶液和溶剂用半透膜隔开,溶液的液面会不停上升。(　　)
5. $(CH_3)_4N^+Cl^-$ 中的氮原子上连有四个甲基,因此是季铵化合物。(　　)
6. 烃是指分子里含有碳、氢元素的化合物。(　　)
7. 芳香烃是一类具有芳香气味的含苯化合物。(　　)
8. 苯酚对皮肤有强腐蚀性,沾到皮肤上可以先用酒精再用大量水冲洗。(　　)

三、填空题

1. 共价键的特点是________和________。

2. 配合物$[Ag(NH_3)_2]OH$的名称是______________,中心离子是________,配位体是________。

3. 乳化剂具有乳化作用,是由于其结构上具有________和________。

4. 对于$N_2O_4(g) \rightleftharpoons 2NO_2(g)$的平衡体系,升高温度,红棕色加深,表明逆反应是________热反应;增大总压强,红棕色__________。

5. 化学上把能够对抗外来少量强酸或少量强碱而保持溶液________几乎不变的溶液称为________________。溶液中抵抗外来少量酸、碱的一对物质分别称为________成分和________成分。

6. 烯烃容易发生化学反应,其最重要的化学反应类型是________反应、________反应和聚合反应等。烯烃的异构包括________、________以及顺反异构。

7.芳香烃具有芳香性,即苯环稳定,容易发生________反应,而较难发生________反应和________反应。

8. 医学上,将________、________、________三者合称为酮体,是体内________代谢的产物。

9. 油脂水解的最终产物是________和________,油脂在碱性条件下的水解反应叫作________。

10. 根据胺分子中氮原子上连接烃基的多少,胺可分为:_________、_________、和________。

11. 组成杂环化合物环状结构的原子中,碳原子以外的其他原子称为________原子,常见的有________、________和________等。

四、用系统命名法命名下列化合物或写出结构简式

① $CH_3-CH(CH_3)-CH=CH-CH_2-CH_3$

② $C_6H_5-OCH_3$(苯环—OCH_3)

③ $C_6H_5-C(=O)-CH_3$(苯环—$\overset{O}{\overset{\|}{C}}$—$CH_3$)

④ $CH_3-CH(CH_2CH_3)-COOH$

⑤ $CH_3CH_2—\overset{\overset{\displaystyle O}{\|}}{C}—O—CH_2CH_3$　　⑥ 溴化四甲铵

⑦ 苯丙氨酸(β-苯基-α-氨基丙酸)　　⑧ α-葡萄糖(哈沃斯式)

五、简答题

1. 配制 12.5 g/L $NaHCO_3$ 溶液 100 mL,需要 $NaHCO_3$ 多少克？如何配制？请写出详细的操作步骤。

2. 按要求书写方程式。

(1) 分别写出硫酸钠、醋酸的解离方程式。

(2) 写出锌片与硫酸铜溶液反应的化学方程式,并改写为离子方程式。

(3) 写出氯化铵在溶液中发生水解反应的化学方程式,并改写为离子方程式。

3. 计算 50 g/L 葡萄糖($C_6H_{12}O_6$)溶液的物质的量浓度和渗透浓度,判断其是否属于等渗溶液,并简述理由。

4. 人体在新陈代谢过程中会不断产生酸性代谢产物（如二氧化碳、乳酸等）和碱性代谢产物（如氨等），同时还有相当数量的酸性和碱性食物进入体内，H_2CO_3-$NaHCO_3$缓冲对在维持人体血液 pH 保持在 7.35～7.45 之间发挥了重要作用。请分析其缓冲作用原理。

5. 用化学方法鉴别下列有机化合物。

（1）乙醇、甘油、苯酚

（2）乙酸、甲酸、草酸

（3）葡萄糖、淀粉、蔗糖

6. 完成下表。

<table>
<tr><th rowspan="2">有机物类别</th><th rowspan="2">通式</th><th colspan="2">官能团</th><th rowspan="2">代表物</th></tr>
<tr><th>结构</th><th>名称</th></tr>
<tr><td>烯烃</td><td></td><td></td><td></td><td></td></tr>
<tr><td>羧酸</td><td>脂肪酸：</td><td></td><td></td><td></td></tr>
<tr><td>胺</td><td>脂肪族伯胺：</td><td></td><td></td><td></td></tr>
</table>

综合测试卷二

一、选择题

1. 已知某元素位于元素周期表第 3 周期ⅤA 族,该元素原子的电子层数和最外层电子数分别为(　　)

A. 3 和 3　　B. 3 和 5　　C. 2 和 3　　D. 2 和 5

2. 下列物质中,不是纯净物的是(　　)

A. 氯化氢　　B. 漂白粉　　C. 液氯　　D. 次氯酸钠

3. 下列关于物质的量及粒子数目的叙述,正确的是(　　)

A. 1 mol 任何物质都含有 6.02×10^{23} 个原子

B. 0.5 mol 氮气和 0.5 mol 二氧化碳的混合气体所含原子数约为 6.02×10^{23}

C. 1 mol 二氧化碳中含有 1 mol 碳原子和 2 mol 氧原子

D. 1 mol H_2O 中含有 1 mol H_2

4. 相同温度下,下列溶液中渗透压最大的是(　　)

A. 0.02 mol/L $CaCl_2$溶液　　B. 0.1 mol/L 蔗糖($C_{12}H_{22}O_{11}$)溶液

C. 25 g/L 葡萄糖($C_6H_{12}O_6$)溶液　　D. 0.1 mol/L 乳酸钠($C_3H_5O_3Na$)溶液

5. 下列解离方程式书写错误的是(　　)

A. $CH_3COOH \rightleftharpoons H^+ + CH_3COO^-$　　B. $NH_3 \cdot H_2O \rightleftharpoons NH_4^+ + OH^-$

C. $NH_4Cl \rightleftharpoons NH_4^+ + Cl^-$　　D. $NaCl = Na^+ + Cl^-$

6. 下列物质中,属于强电解质的是(　　)

A. CH_3COOH　　B. CH_3COONa　　C. H_2S　　D. $NH_3 \cdot H_2O$

7. 0.001 mol/L KOH 溶液的 pH 等于(　　)

A. 14　　B. 13　　C. 12　　D.11

8. 下列盐的离子在溶液中能水解的是(　　)

A. K^+　　B. NO_3^-　　C. CH_3COO^-　　D. SO_4^{2-}

9. 下列各组物质中,不能组成缓冲对的是(　　)

A. KH_2PO_4-K_2HPO_4　　B. H_2CO_3-$NaHCO_3$

C. $NH_3 \cdot H_2O$-NH_4Cl　　D. NH_4Cl-$NaCl$

10. 下列有机物的系统命名正确的是(　　)

A. 3-甲基-2-乙基戊烷　　B. 3-甲基-2-丁烯

C. 3,4,4-三甲基己烷　　D. 2,2,3-三甲基己烷

11. $CH_3CH=C(CH_3)CH_3$ 和 HBr 反应的类型属于(　　)

A. 化合反应　　B. 取代反应　　C. 卤代反应　　D. 加成反应

12. 下列化合物能与三氯化铁发生显色反应的是(　　)

A. 环己醇（环己基—OH）　　B. CH_3CH_2OH

C. 苯甲醇（苯环—CH_2OH）　　D. 邻甲基苯酚（苯环上—OH、—CH_3）

13. 下列各组物质中,不是同分异构体的是(　　)

A. 丁酸和乙酸乙酯　　B. 乙醇和乙醚

C. 丙烯和环丙烷　　D. 丙酮和丙醛

14. 与水合茚三酮作用出现蓝紫色的是(　　)

A. 苯丙氨酸　　B. 二肽　　C. 蛋白质　　D. 以上均可

15. 下列化合物不可能是磷脂水解产物的是(　　)

A. 磷酸　　B. 胆碱　　C. 甘油　　D. 胆固醇

16. 下列物质中,能发生缩二脲反应的是(　　)

A. 尿素　　B. 氨基酸　　C. 二肽　　D. 多肽

17. 下列化合物中,碱性最强的是(　　)

A. $(CH_3)_4N^+OH^-$　　B. $(CH_3)_3N$　　C. NH_3　　D. CH_3NH_2

18. 大米是中国人的主食之一,其中含量最高的营养物质是淀粉,淀粉属于(　　)

A. 糖类　　B. 油脂　　C. 无机盐　　D. 蛋白质

19. 下列化合物中,属于非还原性糖的是(　　)

A. 乳糖　　B. 蔗糖　　C. 果糖　　D. 葡萄糖

20. 下列化合物中,能与溴水反应生成白色沉淀的是(　　)

A. 二甲胺　　B. 乙烯　　C. 苯胺　　D. 乙炔

二、判断题

1. 氢键是由氢原子和活泼非金属元素的原子之间形成的化学键。(　　)

2. 凡有元素化合价升降的化学反应一定是氧化还原反应。(　　)

3. 化学反应速率大小取决于外因:浓度、温度、压强和催化剂。(　　)

4. 临床上,两个等渗溶液混合,所得溶液仍是等渗溶液。(　　)

5. 聚乙烯由乙烯聚合而成,具有热塑性,属于线性结构的高分子材料。(　　)

6. 有机化合物中,碳原子总是和其他原子形成 4 个共价键。(　　)

7. 苯分子是不饱和的,因此和烯烃一样容易发生加成反应和氧化反应。(　　)

8. 常温下苯酚微溶于水,在加热到一定温度后,苯酚和水可以混溶。(　　)

9. 中性溶液中的氨基酸又称为中性氨基酸。(　　)

10. 稀释浓硫酸的正确方法是将水沿着器皿壁缓慢倒入浓硫酸中，边倒边搅拌。(　　)

三、填空题

1. 同一周期的主族元素，从左到右，元素的非金属性逐渐__________，金属性逐渐__________。同一主族元素，从上到下，元素的非金属性逐渐__________，金属性逐渐__________。(填"增强"或"减弱")

2. 配合物 $[Zn(NH_3)_4]Cl_2$ 的名称是__________，配位体是__________，配位数是________。

3. 胶体溶液比较稳定，溶胶保持相对稳定的主要因素有________和________。

4. 氨水中存在平衡：$NH_3 + H_2O \rightleftharpoons NH_3 \cdot H_2O \rightleftharpoons NH_4^+ + OH^-$。增大压强，平衡向________移动，加入 NaOH 溶液，平衡向________移动。

5. 正常人体血液的 pH 总是维持在__________之间，血液中有多个缓冲对，其中，__________缓冲对对维持血液的正常 pH 起着决定性作用。

6. 氧化还原反应的本质是______________，物质________的反应称为氧化反应。

7. 烯烃的通式是________，其官能团碳碳双键中的________键比较活泼，因此烯烃容易发生化学反应，主要是________反应。除此之外，烯烃也容易发生氧化反应、聚合反应。

8. 具有复合官能团的有机物，其官能团既具有独立性，也相互影响，如水杨酸(邻羟基苯甲酸，苯环上 OH 与 —COOH 相邻)的官能团分别是________和________。向该化合物溶液中加入 $NaHCO_3$ 溶液，现象为________；加入 $FeCl_3$ 溶液，现象为________。

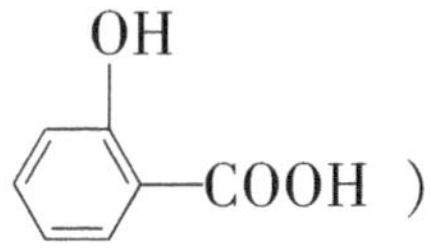

9. 将乙酰基和氨基相连，所得物质的结构简式为________，名称为________。

10. 从结构看，油脂是__________和__________生成的________。

11. 生物碱是一类存在于________内具有明显________活性的____________有机物。

12. 蛋白质水解的最终产物是____________，淀粉水解的最终产物是________。

四、用系统命名法命名下列有机化合物或写出结构简式

① $CH_3—CH(CH_2CH_3)—CH_2—CH(CH_3)—CH_2—CH_3$

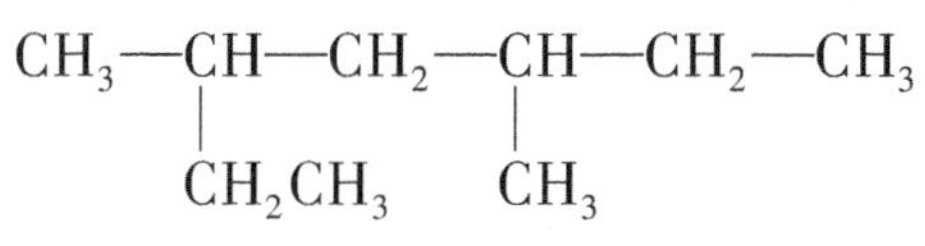

② HO—C₆H₄—CH_3（苯环间位取代）

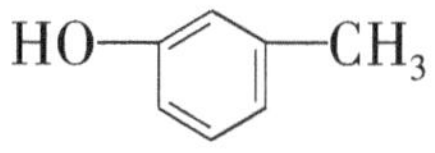

③ $CH_3—\underset{\displaystyle CH_3}{\underset{|}{CH}}—\underset{\displaystyle CH_3}{\underset{|}{CH}}—CHO$

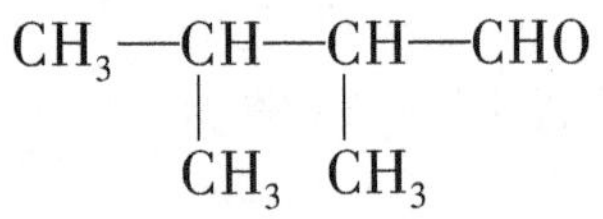

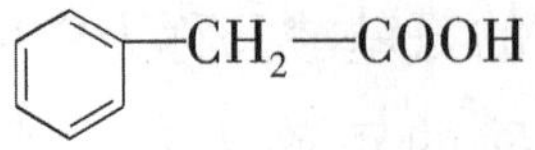

④ (benzene ring)$—CH_2—COOH$

⑤ (benzene ring with $—NH_2$ and $—CH_2CH_3$)

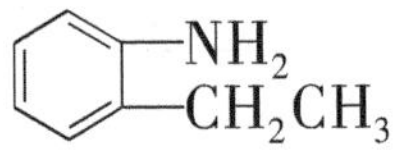

⑥ 乙酸乙酯

⑦ 乳酸(α-羟基丙酸)

⑧ 腺嘌呤(6-氨基嘌呤)

五、完成下列反应式

(1) $CH_3CH_2OH \xrightarrow[170\ ℃]{浓硫酸}$

(2) (benzene ring)$—NH_2$ 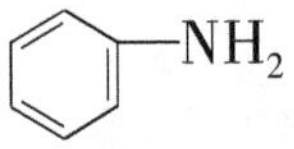 $+HCl \longrightarrow$

(3) $HOOC—COOH \xrightarrow{\triangle}$

六、简答题

1. 已知氟的原子序数为9,镁的原子序数为12,请回答下列问题。

(1) 画出两者原子结构示意图并指出其在周期表中的位置。

(2) 写出化合物 MgF_2的电子式,指出其中化学键的类型。

2. 临床上,乳酸钠($NaC_3H_5O_3$)注射液可用于纠正酸中毒。现欲配制$\frac{1}{6}$ mol/L 乳酸钠($NaC_3H_5O_3$)溶液 360 mL,需用$\rho_B = 112$ g/L 的乳酸钠针剂(20 mL/支)多少支?请写出详细的操作步骤。(计算中,可忽略溶液混合中的体积变化)

3. 用化学方法鉴别下列化合物。

（1）碳酸钠、硫酸钠、氯化钠

（2）丙醛、苯甲醛、丙酮

（3）淀粉、鸡蛋清溶液、谷氨酸

4. 人体血液中的葡萄糖称血糖，正常人空腹状态下血糖浓度为3.9～6.1 mmol/L。糖尿病患者尿液中有葡萄糖，临床上如何检验尿中的葡萄糖？请说出使用的试剂的名称及主要成分，并说出葡萄糖与之反应后的现象和主要产物名称。